国家“双高计划”水利水电建筑工程高水平专业群活页式教材

水利工程工程量清单计价

主　编　闫国新
主　审　张梦宇　王飞寒

中国水利水电出版社
www.waterpub.com.cn
·北京·

内 容 提 要

本书是国家“双高计划”水利水电建筑工程高水平专业群活页式教材，是根据职业院校双高建设项目要求编写的。全书共有3个学习任务，主要内容为招标投标的流程、工程量清单编制、工程量清单计价等。

本书可供高等职业教育水利水电建筑工程、水利水电工程技术、水利水电工程智能管理、建筑工程造价（水利工程造价方向）等专业教学使用，也可供水利类相关专业教学使用及相关专业工程技术人员学习参考。

图书在版编目（CIP）数据

水利工程工程量清单计价 / 闫国新主编. -- 北京 : 中国水利水电出版社, 2023.7
国家“双高计划”水利水电建筑工程高水平专业群活页式教材
ISBN 978-7-5226-1556-1

Ⅰ. ①水… Ⅱ. ①闫… Ⅲ. ①水利工程－工程造价－高等职业教育－教材 Ⅳ. ①TV512

中国国家版本馆CIP数据核字(2023)第107848号

书　　名	国家“双高计划”水利水电建筑工程高水平专业群活页式教材 **水利工程工程量清单计价** SHUILI GONGCHENG GONGCHENGLIANG QINGDAN JIJIA
作　　者	主编　闫国新 主审　张梦宇　王飞寒
出版发行	中国水利水电出版社 （北京市海淀区玉渊潭南路1号D座　100038） 网址：www.waterpub.com.cn E-mail：sales@mwr.gov.cn 电话：（010）68545888（营销中心）
经　　售	北京科水图书销售有限公司 电话：（010）68545874、63202643 全国各地新华书店和相关出版物销售网点
排　　版	中国水利水电出版社微机排版中心
印　　刷	北京市密东印刷有限公司
规　　格	184mm×260mm　16开本　11.5印张　273千字
版　　次	2023年7月第1版　2023年7月第1次印刷
印　　数	0001—1500册
定　　价	**35.00**元

前 言

本书是贯彻落实《国家职业教育改革实施方案》（国发〔2019〕4号）、《国务院关于加快发展职业教育的决定》（国发〔2014〕19号）、《水利部教育部关于进一步推进水利职业教育改革发展的意见》（水人事〔2013〕121号）、中共中央办公厅 国务院办公厅印发《关于推动现代职业教育高质量发展的意见》和中共中央办公厅　国务院办公厅印发的《关于深化现代职业教育体系建设改革的意见》等文件精神，编写的活页式教材。

本书以工程项目为载体，基于工作过程编写了3个工作任务，内容包括水利工程招标投标概述、水利工程招标文件编制（含工程量清单编制）和水利工程投标文件编制（含工程量清单计价）等。主要特点：按照由简单到复杂，由招投标的概念和程序到工程量清单和计价的编制能力构建典型学习任务；教学过程融入思政案例，激发学生的工匠精神、精益求精的水利精神等；编写过程中引入工程案例和最新规范，以任务驱动，与职业技能等级考试对接，注重实用性和先进性。

本书编写人员及编写分工如下：黄河水利职业技术学院闫国新编写课程概述、工作任务1和附录B，四川鼎恒建设工程有限公司余林编写工作任务2，开封市水务开发建设有限公司董楠编写工作任务3，黄河水利职业技术学院韩晓育编写附录A。本书由闫国新教授担任主编，由黄河水利职业技术学院张梦宇教授、王飞寒教授任主审。

本书在编写过程中，得到了各院校的专家、教授的支持和帮助，同时，参考了大量资料、著作、教材和相关规范，在此一并致以诚挚的谢意！

由于编者水平有限，书中难免错漏和不足之处，恳请广大读者批评指正。

编者

2023年6月

目录

课 程 概 述

1. 课程性质

“水利工程工程量清单计价”课程在工程造价专业课程体系中是专业核心技能课程，是职业岗位能力课程和证书课程（水利造价员），课程中引入了水利行业定额和标准。工程造价（水利工程造价方向）专业以培养水利工程造价编制人员为目标，课程引入了水利行业现行规范、标准，以及水利工程概（估）算编制规定等。通过本课程的学习，学生掌握招投标基本程序、编制水利工程招标文件、水利工程投标文件的能力；通过本课程学习，学生具有编制工程量清单和编制工程量清单报价文件的能力。

行业标准：

《水利工程营业税改征增值税计价依据调整办法》（办水总〔2016〕132号）

《水利工程设计概（估）算编制规定（2014版）》

《水利工程概算定额（2002版）》

《水利工程预算定额（2002版）》

《水利工程施工机械台式费定额（2002版）》

《水利工程概预算补充定额（2006版）》

《水利水电设备安装工程概算定额（2002版）》

《水利工程工程量清单计价规范》（GB 50501—2007）

《水利水电工程设计工程量计算规定》（SL 328—2005）

《水利工程招投标管理规定》（14号文件）

工程量清单（bill of quantity，BOQ）是在19世纪30年代产生的。西方国家把计算工程量、提供工程量清单专业化为业主估价师的职责，所有的投标都要以业主提供的工程量清单为基础，从而使得最后的投标结果具有可比性。工程量清单报价是建设工程招投标工作中，由招标人按国家统一的工程量计算规则提供工程数量，由投标人自主报价，并按照招标人要求的评标办法评标中标的工程造价计价模式。清单计价与工程概算在编制阶段的区别如图0.1所示。

2. 课程目标

通过本课程的学习，学生应能够：

（1）掌握施工招标、投标程序及工作内容；掌握标底的编制程序和方法；掌握投标报价的编制程序和编制方法。

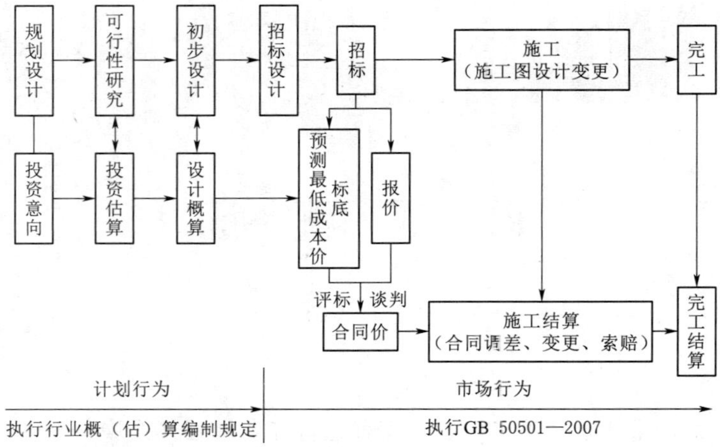

图 0.1　水利工程投资管理阶段划分示意图

（2）能根据业主要求，编制工程量清单；能根据工程量清单，编制投标报价书，掌握一定的投标策略和技巧。

（3）培养学生爱岗敬业、耐心细致的工作作风，努力工作的精神，认真负责的态度；培养学生团结协作，互相帮助，共同完成工作任务。

3. 工作任务（项目）

学习任务的设计体现企业典型工作任务。按照由简单到复杂，由招投标的概念和程序到工程量清单和计价的编制能力，本教材划分为 3 个典型工作任务（工作项目）：

（1）水利工程招标投标的流程（入门篇）。

（2）水利工程工程量清单编制（能力篇）。

（3）水利工程工程量清单报价（终结篇）。

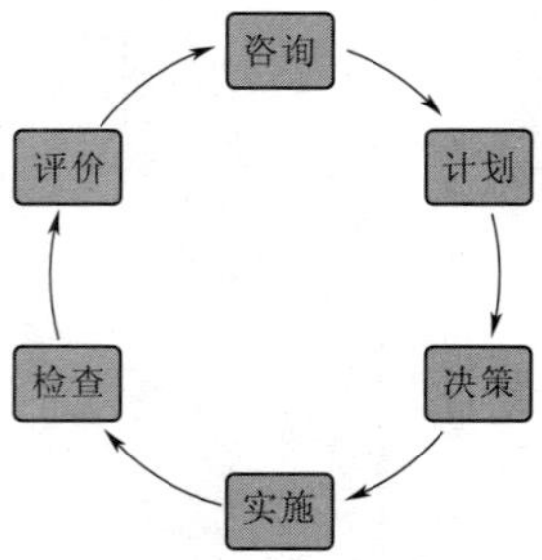

图 0.2　组织形式

4. 组织形式

本课程提倡行动导向的教学，基于工程项目，按照咨询-计划-决策-实施-检查-评价等步骤，进行组织教学，以学生为中心，学生在合作中完成工作任务。组织形式如图 0.2 所示。

5. 进程安排

《水利工程工程量清单计价》学习情境设计见表 0.1。

表 0.1　学习情境设计表

序号	学习任务	学习任务简介	学时
1	第一次课	课程简介及考核办法	2 学时
2	招标投标的流程	1.1 招投标基本程序 1.2 招投标注意问题 1.3 任务考核	6 学时

续表

序号	学习任务	学习任务简介	学时
3	工程量清单编制	2.1 标准施工招标文件概述 2.2 标准施工招标文件解读 2.3 工程量清单编制 2.4 任务考核	12 课时
4	工程量清单计价	3.1 投标文件编制概述 3.2 工程量清单计价 3.3 投标策略与技巧 3.4 利用软件编制报价文件 3.5 任务考核	12 学时

6. 成果要求

学生需提交：

成果 1　某水利工程工程量清单文件

成果 2　某水利工程工程量清单报价文件

7. 考核评价

考核评价主要用于教师对学生每个学习任务完成情况进行评价，本课程考核评价表，见表 0.2，由每个学习任务汇总形成。

表 0.2　　　　学生实训成绩汇总表

学号	姓名	学习情境 1		学习情境 2		学习情境 3		总评
		分值	（20%）	分值	（40%）	分值	（40%）	

8. 参考文献

[1]　张梦宇，曾伟敏，吕桂军，等. 水利工程造价与招投标 [M]. 北京：中国水利水电出版社，2017.

[2]　闫国新. 水利水电工程施工技术 [M]. 郑州：黄河水利出版社，2020.

[3]　闫国新. 项目管理软件应用 [M]. 北京：中国水利水电出版社，2022.

[4]　梁建林，闫国新，吴伟，等. 水利水电工程施工项目管理实务 [M]. 郑州：黄河水利出版社，2015.

[5]　GB 50501—2007　水利工程工程量清单计价规范 [S]

[6]　中华人民共和国水利部. 水利水电工程标准施工招标文件（2009 年版）[M]. 北京：中国水利水电出版社，2009.

[7]　SL 303—2017　水利水电工程施工组织设计规范 [S]

工作任务 1

招标投标的流程

1.1 工 作 任 务

根据《中华人民共和国招标投标法》《中华人民共和国招标投标法实施条例》，绘制招标投标的基本流程图，标出时间节点，并就其中投标人的资格要求做全面的分析和了解，以为招标和投标做好准备。

1.2 工 作 目 标

(1) 了解招标投标的概念。
(2) 掌握招标投标的范围和规模。
(3) 了解招标投标的原则和方式。
(4) 能绘制招标投标的节点流程。
(5) 了解投标人的资格要求。
(6) 区分无效标和废标的情况。

1.3 任 务 分 组

按照1.1填写任务分组表。

表 1.1 学生任务分组表

班级		组号		指导老师	
组长		学号			
组员					
任务分工					

1.4 获取信息

引导问题 1：招标投标的概念？

引导问题 2：水利工程招标的范围和标准是什么？

【小贴士】思政案例

从鲁布革水电站到白鹤滩水电站，从利用世界银行贷款依靠国外生产制造水轮机到自主生产单机 100 万 kW 的世界最大水轮机。中国水轮机从跟跑、并跑到领跑的发展历程，展现了中国由水电大国到水电强国的奋斗之路，体现了水利人的科学探索和责任担当的精神。

鲁布革水电站是我国在 20 世纪 80 年代初首次利用世界银行贷款并实行国际招投标，引进国外先进设备和技术建设的电站，被誉为中国水电基本建设工程对外开放的“窗口”。1982 年 11 月开工建设，1988 年 12 月第一台机组投产发电，1990 年年底建成，主坝为堆石坝，最大坝高 103.8m，为引水式水电站。

小浪底水利枢纽工程（图 1.1）1991 年 9 月 12 日开始进行工程施工前期准备，1994 年 9 月 1 日主体工程正式开工，1997 年 10 月 28 日截流，2000 年初第一台机组投产发电，2001 年年底主体工程全部完工。小浪底水利枢纽主体工程建设采用国际招标，以意大利英波吉罗公司为责任方的黄河承包商中大坝标，以德国旭普林公司为责任方的中德意联营体中进水口泄洪洞和溢洪道群标，以法国杜美兹公司为责任方的小浪底联营体中发电系统标。1994 年 7 月 16 日合同签字仪式在北京举行。

三峡工程（图 1.2）是世界上规模最大的水电站，也是中国有史以来建设最大型的

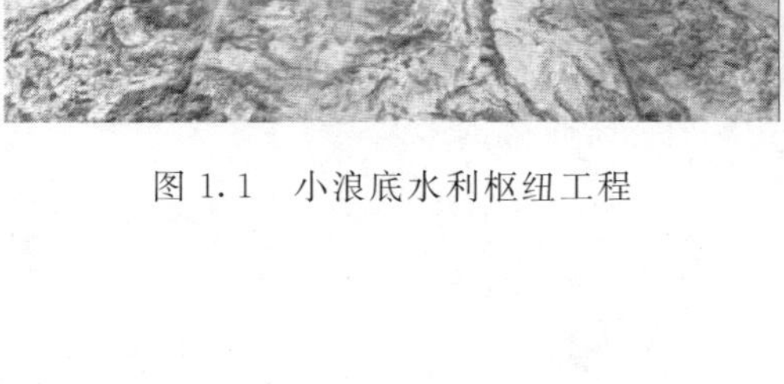

图 1.1　小浪底水利枢纽工程

图 1.2　三峡工程

工程项目。1997 年，长江三峡水电站采用了当时世界最大的混流式水轮发电机组，单机出力为 70 万 kW，转轮直径为 9.7m。左岸电站 14 台全由外企承包，VGS 联合体（福伊特、西门子、GE）制造 6 台，阿尔斯通/ABB 联合体供货 8 台。曾经，重大水电工程招标中，中国人只能眼睁睁看着几家国际巨头瓜分数百亿元的诱人蛋糕。2004 年，哈尔滨电机厂、东方电气与外企同台竞技，各自赢得了三峡右岸 4 台发电机组合约，掀开了巨型机组国产化的篇章。

2008 年 8 月 28 日，向家坝水电站、溪洛渡水电站 26 台机组招标采购合同尘埃落定，总金额达 110 多亿元，创下了世界最大水电机组采购纪录。其中，哈尔滨电机厂中标 10 台，合同金额达 44.27 亿元。东方电气中标 9 台。不过，外资仍占据一定份额，天津阿尔斯通中标 4 台，上海福伊特西门子中标 3 台。

白鹤滩水轮发电机组单机容量 100 万 kW，比三峡水电站的 70 万 kW 还要高，突破了世界极限。更值得骄傲的是，其水轮机组全部由我国自主研发，具有里程碑式的意义。目前，全球前 12 大水电站，有 5 座在中国，分别是三峡、白鹤滩、溪洛渡、乌东德、向家坝。全球服役的 70 万 kW 以上机组共有 127 台，中国就有 104 台。

引导问题 3：招标投标的原则是什么？（“三公一诚”）

____

____

____

引导问题 4：招标的方式有哪几种？

____

____

____

1.5 工 作 计 划

按照收集的信息分小组讨论，制订绘制招标投标流程图的计划。利用流程图画工作计划图。

1.6 进 度 决 策

由教师带领学生，对绘制招标投标流程图的任务实施方案进行确定，为任务实施做好准备。

1.7 任 务 实 施

1. 补充完整招标投标流程图

在图 1.3 的①～⑦中填入合适的日期限制，并回答没收投标保证金的条件：____。

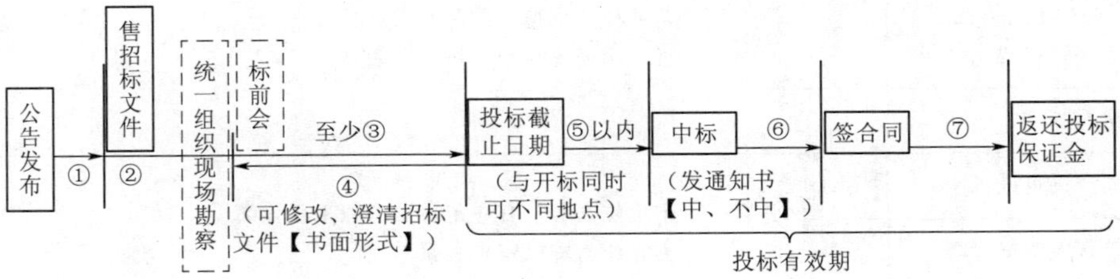

图 1.3　招标投标流程图

2. 课内训练

【背景资料】某地新建一水库，其库容为 3 亿 m^3，土石坝坝高 75m。批准项目概算中的土坝工程概算为 1 亿元。土坝工程施工招标工作实际完成情况见表 1.2。

表 1.2　　土坝工程施工招标工作实际完成情况表

工作序号	（一）	（二）	（三）	（四）	（五）
日期	2006.5.25	2006.6.5—2006.6.9（5 个工作日）	2006.6.10	2006.6.11	2006.6.27
工作内容	在《中国采购与招标网》上发布招标公告	发售招标文件，投标人 A、B、C、D、E 购买了招标文件	仅组织投标人 A、B、C 踏勘现场	电话通知删除招标文件中坝前护坡内容	上午 9：00 投标截止。上午 10：00 组织开标，投标人 A、B、C、D、E 参加

【问题】指出土坝工程施工招标投标实际工作中不符合现行水利工程招标投标有关规定之处，并提出正确做法。

【答案解析】

（1）违反规定。该水库属于大型工程，施工招标公告还应在《中国水利报》上同时发布。

（2）违反规定。招标人不得单独或者分别组织任何一个投标人进行现场踏勘。

（3）违反规定。招标人对招标文件的修改应当以书面形式呈现。

（4）违反规定。投标截止时间与开标时间应相同。

3. 投标人资格要求

根据《水利水电工程标准施工招标文件（2009 年版）》等文件规定，对表 1.3 所列的 12 方面的内容匹配具体的要求。

表 1.3　投标人资格要求匹配表

项　目	匹配序号	具　体　要　求
1 资质条件		①近3年财务状况表 ②本单位的水利水电工程专业注册建造师 ③资质证书有效性和资质等级符合性 ④近3年发生的诉讼及仲裁情况 ⑤营业执照承揽范围和有效期符合性 ⑥近5年完成类似项目情况表
2 财务要求		
3 业绩要求		
4 信誉要求		
5 项目经理资格要求		
6 营业执照		
7 安全生产许可证		⑦本单位人员，有一定数量类似工程业绩 ⑧不宜作为资格审查因素 ⑨质量、环境保护和职业健康、安全等管理体系认证等方面的要求 ⑩通过“正在施工和新承接的项目情况表”判断 ⑪有效性 ⑫委托代理人、安全管理人员、质量管理人员、财务负责人还必须是本单位人员，企业负责人、技术安全管理人员具备有效的安全生产考核合格证书
8 技术负责人资格要求		
9 其他主要人员要求		
10 设备要求		
11 认证体系要求		
12 有效生产能力要求		

引导问题5：《建筑企业资质管理规定》（中华人民共和国建设部令第87号）有哪些新规定？

改动一：建筑资质从以前的特级、一级、二级、三级划分为甲、乙两个等级，二级和三级合并为乙级，一级变为甲级，特级资质变为施工综合资质，部分资质为不分等级。

改动二：合并和并入了一些建筑资质，例如环保工程专业承包和特种专业工程专业承包合并为通用专业承包，且不分等级；建筑装修装饰工程专业承包和建筑幕墙工程专业承包合并为建筑装修装饰工程专业承包，且分为甲、乙两个等级；电子与智能化工程专业承包和建筑机电安装工程专业承包，城市及道路照明工程专业承包合并为建筑机电工程专业承包，且分为甲、乙两个等级；公路路面工程、公路路基工程、公路交通工程这三项专业承包合并为公路工程类专业承包，且分为甲、乙两个等级；钢结构工程专业承包并入建筑施工总承包等。

引导问题6：投标文件的格式要求是什么？

______

______

______

______

______

4. 区分无效标和废标

把右侧不同情况的序号填入左侧相应的分类中。

无效标情况

废标情况

①未按招标文件要求盖章、签字；
②未按招标文件要求密封；
③招标文件要求不得标明名称，标了成有透漏标记；
④未按要求编写或字迹模糊造成实质性问题无法确认；
⑤未按要求交纳投标保证金；
⑥逾期送达；
⑦提供虚假材料；
⑧超出招标文件规定，违反强制性条文；
⑨法定代表人或授权委托人未参加开标会；
⑩联合体未附共同协议；
⑪投标人名称或组织机构与资格预审不一致。

5. 区分投标人的纪律要求（表 1.4）

表 1.4　　投标人纪律要求

纪律要求	出现的情况
不得以他人名义投标	投标人挂靠其他施工单位
	投标人从其他施工单位通过转让或租借的方式获取资格或资质证书
禁止允许他人以本单位名义承揽工程	由其他单位及法定代表人在自己编制的投标文件上加盖印章或签字的行为
	投标人的法定代表人的委托代理人不是投标人本单位人员
	投标人拟在施工现场所设项目管理机构的项目负责人、技术负责人、财务负责人、质量管理人员、安全管理人员不是本单位人员

1.8 评价反馈

评价包括学生自评（占 50%）和教师评价（占 50%）两部分，学生自评表和教师评价表见表 1.5 和表 1.6。

表 1.5　　学生自评表

班级		姓名		学号	
工作任务 1	招标投标的流程				
评价项目	评价标准			分值	得分
①招标投标流程	熟练掌握招标投标的基本流程和工作要点			30	
②投标人资格	熟练掌握投标人资格 12 项基本要求			30	
③判定废标	熟练掌握废标和无效标的各项情景			20	
④投标文件格式	了解投标文件的格式要求			20	
	合计			100	

表 1.6 教师评价表

班级		姓名		学号	
工作任务1	招标投标的流程				
评价项目	评 价 标 准			分值	得分
①平时表现	出勤、课堂表现			40	
②成果评价	绘制招标投标流程图			30	
③小组表现	团队合作完成任务			30	
	合 计			100	

1.9 相关知识点

1.9.1 招投标概念

所谓招标，是招标人（业主或发包人）就拟建工程准备招标文件，发布招标广告或信函以吸引或邀请投标人（潜在承包商）来购买招标文件进行投标，通过评标择优选择承包商，并与之签订施工承包合同的过程。所谓投标，是投标人根据业主的招标条件，以递交投标文件的形式争取承包工程项目的过程。

1.9.2 招投标依据

（1）《中华人民共和国招投标法》2000 年 1 月 1 日实施；

《中华人民共和国招标投标法实施条例》2012 年 2 月 1 日起施行。

（2）《水利工程建设项目招标投标管理规定》14 号文。

（3）《水利水电工程标准施工招标文件（2009 年版）》，2010 年 2 月 1 日实行，同时废止《水利水电工程施工合同和招标文件示范文本》（GF-2000-0208）。

（4）《水利工程工程量清单计价规范》（GB 50501—2007）。

（5）其他（评标、监督等）。

1.9.3 招标具体范围和规模标准

《水利工程建设项目招标投标管理规定》（水利部令 14 号文）规定：

第三条　符合下列具体范围并达到规模标准之一的水利工程建设项目必须进行招标。

（一）具体范围

1. 关系社会公共利益、公共安全的防洪、排涝、灌溉、水力发电、引（供）水、滩涂治理、水土保持、水资源保护等水利工程建设项目；

2. 使用国有资金投资或者国家融资的水利工程建设项目；

3. 使用国际组织或者外国政府贷款、援助资金的水利工程建设项目。

（二）规模标准

1. 施工单项合同估算价在 200 万元人民币以上的；

2. 重要设备、材料等货物的采购，单项合同估算价在 100 万元人民币以上的；

3. 勘察设计、监理等服务的采购，单项合同估算价在 50 万元人民币以上的；

4. 项目总投资额在3000万元人民币以上，但分标单项合同估算价低于本项第1、2、3目规定的标准的项目原则上都必须招标。

据《中华人民共和国招标投标法》，可以不进行招标的项目：

第六十六条　涉及国家安全、国家秘密、抢险救灾或者属于利用扶贫资金实行以工代赈、需要使用农民工等特殊情况，不适宜进行招标的项目，按照国家有关规定可以不进行招标。

1.9.4　原则与不公开

招标投标的原则：公开、公平、公正、诚实信用。

其中，公开的内容有招标公告、招标文件购买时间和地点等，但有的内容是不能公开的，比如资格预审短名单、标底、评标委员会、评标过程等。

评标专家名单一般在开标截止日期前48小时确定名单，从专家库随机抽取，2/3以上是专业、经济方面专家；人数5人以上奇数（招投标法规定）；7人以上奇数（14号文规定）；经水行政主管部门批准，招标人可以指定部分评标专家，但不得超过专家人数的三分之一。

1.9.5　招标方式

招标方式包括公开招标和邀请招标两种。公开招标要求发布招标公告在以下媒体："三报一网"，即《中国日报》《中国建设报》《中国经济导报》《中国采购与招标网》。其中大型水利工程建设项目以及国家重点项目、中央项目、地方重点项目同时在《中国水利报》上发布。国家重点水利项目、地方重点水利项目及全部使用国有资金投资或者国有资金投资占控股或者主导地位的项目应当公开招标。

邀请招标是有下列情况之一的，按规定经批准后可邀标：

（1）工程建设项目施工招标投标办法（国家发改委等七部委 第30号令）。

（2）项目技术复杂或有特殊要求，只有少量几家潜在投标人可供选择的。

（3）受自然地域环境限制的。

（4）涉及国家安全、国家秘密或者抢险救灾，适宜招标但不宜公开招标的。

（5）拟公开招标的费用与项目的价值相比，不值得的。

（6）法律、法规规定不宜公开招标的。

1.9.6　施工招标应当具备的条件

（1）初步设计已经批准。

（2）建设资金来源已落实，年度投资计划已经安排。

（3）监理单位已确定。

（4）具有能满足招标要求的设计文件，已与设计单位签订适应施工进度要求的图纸交付合同或协议。

（5）有关建设项目永久征地、临时征地和移民搬迁的实施、安置工作已经落实或已有明确安排。

1.9.7　招投标程序——时间节点

根据《中华人民共和国招投标法》、《中华人民共和国招投标实施条例》、《水利工程建设项目招标投标管理规定》（水利部令第14号），水利工程招标的基本程序包括：

（1）水利工程施工招标报告备案。

（2）编制招标文件。

（3）发布招标信息（招标公告或投标邀请书）。

（4）组织资格预审（若进行资格预审）。

（5）组织踏勘现场和投标预备会（若组织）。

（6）对问题进行澄清。

（7）组织成立评标委员会。

（8）组织开标、评标。依法必须进行招标的项目，自招标文件开始发出之日起至投标人提交投标文件截止之日止，最短不应当少于20日。

（9）确定中标人。

（10）提交招标投标情况的书面总结报告。

（11）发中标通知书。

（12）订立书面合同。招标人与中标人签订合同后5个工作日内，应当退还投标保证金。

1.9.8 投标人资格要求

投标人的资格要求包括12个方面，具体见表1.7。

表1.7 投标人资格要求

要 求	具 体 要 求	要 求	具 体 要 求
1资质条件	资质证书有效性和资质等级符合性	7安全生产许可证	有效性
2财务要求	近3年财务状况表	8技术负责人资格要求	本单位人员，有一定数量类似工程业绩
3业绩要求	近5年完成类似项目情况表	9其他主要人员要求	委托代理人、安全管理人员、质量管理人员、财务负责人还必须是本单位人员，企业负责人、技术安全管理人员具备有效的安全生产考核合格证书
4信誉要求	近3年发生的诉讼及仲裁情况	10设备要求	不宜作为资格审查因素
5项目经理资格要求	本单位的水利水电工程专业注册建造师	11认证体系要求	质量、环境保护和职业健康、安全等管理体系认证等方面的要求
6营业执照	营业执照承揽范围和有效期符合性	12有效生产能力要求	通过“正在施工和新承接的项目情况表”判断

1. 资质等级

水利工程建设项目施工招标时，投标人应具有相应的企业资质。国家对建筑业企业实行资质管理。建筑业企业资质等级分为总承包、专业承包和劳务分包三个序列。

（1）施工总承包企业资质等级的划分和承包范围。

根据《建筑业企业资质管理规定》(建设部令第159号),水利水电工程施工总承包企业资质等级分为特级、一级、二级、三级,相应承包范围如下:

1) 特级企业可承担各种类型的水利水电工程及辅助生产设施的建筑、安装和基础工程的施工。

2) 一级企业可承担单项合同额不超过企业注册资本金5倍的各种类型水利水电工程及辅助生产设施的建筑、安装和基础工程的施工。

3) 二级企业可承担单项合同额不超过企业注册资本金5倍的下列工程的施工:库容1亿 m^3、装机容量100MW及以下水利水电工程及辅助生产设施的建筑、安装和基础工程施工。

4) 三级企业可承担单项合同额不超过企业注册资本金5倍的下列工程的施工:库容1000万 m^3、装机容量10MW及以下水利水电工程及辅助生产设施的建筑、安装和基础工程施工。

(2) 施工专业承包企业资质等级的划分和承包范围。

水利水电工程施工专业承包企业资质划分为水工建筑物基础处理工程、水工金属结构制作与安装工程、水利水电机电设备安装工程、河湖整治工程、堤防工程、水工大坝工程和水工隧洞工程7个专业,每个专业分为一级、二级、三级。

1) 水工建筑物基础处理工程专业承包范围如下:

a. 一级企业可承担各类水工建筑物基础处理工程的施工。

b. 二级企业可承担单项合同额1500万元以下的水工建筑物基础处理工程的施工。

c. 三级企业可承担单项合同额500万元以下的水工建筑物基础处理工程的施工。

2) 水利水电机电设备安装工程专业承包范围:

a. 一级企业可承担各类水电站、泵站主机(各类水轮发电机组、水泵机组)及其附属设备和水电(泵)站电气设备的安装工程。

b. 二级企业可承担单项合同额不超过企业注册资本金5倍的单机容量100MW及以下的水电站、单机容量1000kW及以下的泵站主机及其附属设备和水电(泵)站电气设备的安装工程。

c. 三级企业可承担单项合同额不超过企业注册资本金5倍的单机容量25MW及以下的水电站、单机容量500kW及以下的泵站主机及其附属设备和水电(泵)站电气设备的安装工程。

3) 河湖整治工程专业承包范围:

a. 一级企业可承担各类河道、湖泊的河势控导、险工处理、疏浚、填塘固基工程的施工。

b. 二级企业可承担单项合同额不超过企业注册资本金5倍的2级及以下堤防相对应的河道、湖泊的河势控导、险工处理、疏浚、填塘固基工程的施工。

c. 三级企业可承担单项合同额不超过企业注册资本金5倍的3级及以下堤防相对应的河湖疏浚整治工程及一般吹填工程的施工。

4) 堤防工程专业承包范围:

a. 一级企业可承担各类堤防的堤身填筑、堤身整险加固、防渗导渗、填塘固基、堤防水下工程、护坡护岸、堤顶硬化、堤防绿化、生物防治和穿堤、跨堤建筑物（不含单独立项的分洪闸、进水闸、排水闸、挡潮闸等）工程的施工。

b. 二级企业可承担单项合同额不超过企业注册资本金5倍的2级及以下堤防的堤身填筑、堤身整险加固、防渗导渗、填塘固基、堤防水下工程、护坡护岸、堤顶硬化、堤防绿化、生物防治和穿堤、跨堤建筑物（不含单独立项的分洪闸、进水闸、排水闸、挡潮闸等）工程的施工。

c. 三级企业可承担单项合同额不超过企业注册资本金5倍的3级及以下堤防的堤身填筑、堤身整险加固、防渗导渗、填塘固基、堤防水下工程、护坡护岸、堤顶硬化、堤防绿化、生物防治和穿堤、跨堤建筑物（不含单独立项的分洪闸、进水闸、排水闸、挡潮闸等）工程的施工。

5）水工大坝工程专业承包范围：

a. 一级企业可承担各类坝型的坝基处理、永久和临时水工建筑物及其辅助生产设施的施工。

b. 二级企业可承担单项合同额不超过企业注册资本金5倍、70m及以下各类坝型坝基处理、永久和临时水工建筑物及其辅助生产设施的施工。

c. 三级企业可承担单项合同额不超过企业注册资本金5倍、50m及以下各类坝型坝基处理、永久和临时水工建筑物及其辅助生产设施的施工。

2. 水利建设市场主体信誉等级

水利建设市场主体信用等级分为诚信（AAA级、AA级、A级）、守信（BBB级）、失信（CCC级）三等五级。AAA级表示为信用很好，AA级表示为信用好，A级表示为信用较好，BBB级表示为信用一般，CCC级表示为信用差。水利建设市场主体信用评价标准由基础管理、经营效益、市场行为、工程服务、品牌形象和信用记录六个指标体系30项指标组成，按权重分别赋分，合计100分。信用等级评价分值为91～100分的为AAA级，81～90分的为AA级，71～80分的为A级，61～70分的为BBB级，60分以下的为CCC级。

3. 项目经理资格要求

项目经理应当由本单位的水利水电工程专业注册建造师担任。除执业资格要求外，项目经理还必须有一定数量类似工程业绩，且具备有效的安全生产考核合格证书。资格预审申请文件应提交项目经理属于本单位人员的相关证明材料。

1.9.9 投标文件格式要求

（1）投标文件签字盖章要求是：投标文件正本除封面、封底、目录、分隔页外的其他每一页必须加盖投标人单位章并由投标人的法定代表人或其委托代理人签字，已标价的工程量清单还应由注册水利工程造价工程师加盖执业印章。

（2）投标文件份数要求是正本1份，副本4份。

（3）投标文件用A4纸（图表页除外）装订成册，编制目录和页码，并不得采用活页夹装订。

1.9.10 无效标和废标

《评标委员会和评标办法暂行规定》第二十五条规定：

无效标：

(1) 未按招标文件要求密封。

(2) 逾期送达。

(3) 法定代表人或授权委托人未参加开标会。

废标：

(1) 未按招标文件要求盖章、签字。

(2) 招标文件要求不得标明名称，标了或有透漏标记。

(3) 未按要求编写或字迹模糊造成实质性问题无法确认。

(4) 未按要求交纳投标保证金。

(5) 提供虚假材料。

(6) 超出招标文件规定，违反强制性条文。

(7) 联合体未附共同协议。

(8) 投标人名称或组织机构与资格预审不一致。

1.9.11 投标人纪律要求

投标人不得以他人名义投标或允许他人以本单位名义承揽工程或串通投标报价。

1. 下列行为均属以他人名义投标

(1) 投标人挂靠其他施工单位。

(2) 投标人从其他施工单位通过转让或租借的方式获取资格或资质证书。

(3) 由其他单位及法定代表人在自己编制的投标文件上加盖印章或签字的行为。

2. 下列行为，视为允许他人以本单位名义承揽工程

(1) 投标人的法定代表人的委托代理人不是投标人本单位人员。

(2) 投标人拟在施工现场所设项目管理机构的项目负责人、技术负责人、财务负责人、质量管理人员、安全管理人员不是本单位人员。

其中，投标人为本单位人员，必须同时满足以下条件：

(1) 聘任合同必须由投标人单位与之签订。

(2) 与投标人单位有合法的工资关系。

(3) 投标人单位为其办理社会保险关系，或具有其他有效证明其为本单位人员身份的文件。

3. 下列行为均属投标人串通投标报价

(1) 投标人之间相互约定抬高或压低投标报价。

(2) 投标人之间相互约定，在招标项目中分别以高、中、低价位报价。

(3) 投标人之间先进行内部竞价，内定中标人，然后再参加投标。

(4) 投标人之间其他串通投标报价的行为。

工作任务 2

工程量清单编制

2.1 工 作 任 务

根据某水利工程施工设计图纸，按照《水利工程工程量清单计价规范》（GB 50501—2007）编制该水利工程的工程量清单。

2.2 工 作 目 标

（1）掌握招标文件的基本组成。
（2）了解招标文件的主要内容。
（3）掌握水利工程的评标办法。
（4）能够编制水利工程工程量清单。
（5）了解招标文件中的合同条款。

2.3 任 务 分 组

按照 2.1 填写任务分组表。

表 2.1 学生任务分组表

班级		组号		指导老师	
组长		学号			
组员					
任务分工					

2.4 获取信息

引导问题1：招标文件的基本组成？

引导问题2：水利工程的评标办法有几种？有何异同？

引导问题3：工程量清单编制参考的规范是什么？具体编制内容是什么？

引导问题4：根据《水利水电工程标准施工招标文件（2009年版）》，合同文件包括哪些内容？（按照顺序写出）

【小贴士】思政小案例

2000年，水利行业颁布了《水利水电工程施工合同和招标文件示范文本》（GF-2000-0208），2009年，结合水利水电工程特点和行业管理需要，又颁布了《水利水电工程标准施工招标文件（2009年版）》。

近10年，中国水利水电建设集团有限公司在国际水电工程承包中占据了一席之地，展现中国作为水电强国的风范，不断输出中国水电标准，打造水电靓丽名片。

中国水利水电建设集团有限公司承建苏丹麦洛维大坝。2003年6月中国水利水电建设集团有限公司和中国水电对外公司组成的CCMD联合体中标，总金额达6.03亿欧元（折合人民币约60亿元），是当时中国在海外承建的单项金额最大的土建项目。中国水电建设集团公司所属成员企业水电七局和水电五局组成七五联营体麦洛维项目部具体承担施工任务。经过五年的艰苦施工，连续实现一期截流、溢流坝过流、二期截流、大坝全线达到264m度汛高程、三期导流等5个重要里程碑目标，为整个工程取得最后的胜利打下坚实的基础。

据2019年统计数据，我国企业参与的已建在建海外水电站约320座、总装机达到8100万kW，水电业务遍及全球140多个国家和地区，占据了海外70%以上的水电建设市场份额。中国水电服务“一带一路”建设硕果累累，形成了一批领先国际的水电开发技术，为“一带一路”沿线国家以最高标准打造出一个个所在国的“三峡工程”。

2.5 工作计划

按照收集的信息分小组讨论，制订编制某水利工程工程量清单的计划。利用流程图画工作计划图。

2.6 进度决策

由教师带领学生，对编制工程量清单的任务实施方案进行确定，为任务实施做好准备。

2.7 任务实施

按照制订的计划，有步骤地完成工程量清单的编制。

【步骤1】编制分类分项工程量清单。

【步骤2】编制措施项目清单。

【步骤3】编制其他项目清单和零星项目清单。

【步骤4】编制其他辅助表格。

【步骤 5】填写总说明和封面，汇总形成工程量清单文件。

2.8 评价反馈

评价包括学生自评（占 50%）和教师评价（占 50%）两部分，学生自评表和教师评价表见表 2.2 和表 2.3。

表 2.2 学生自评表

班级		姓名		学号	
工作任务 2	工程量清单编制				
评价项目	评价标准			分值	得分
①项目划分	熟练掌握工程量清单项目划分方法			20	
②清单编码	熟练掌握分类分项工程量清单编码规则			20	
③工程量计算	熟练掌握工程量清单工程量计算方法			20	
④清单编制	快速编制措施项目清单和措施项目清单			20	
⑤其他文件	编制清单中的其他表格，形成完整工程量清单文件			20	
	合计			100	

表 2.3 教师评价表

班级		姓名		学号	
工作任务 2	工程量清单编制				
评价项目	评价标准			分值	得分
①平时表现	出勤、课堂表现			40	
②成果评价	生成工程量清单文件			30	
③小组表现	团队合作完成任务			30	
	合计			100	

2.9 相关知识点

2.9.1 招标文件的基本组成

根据《水利水电工程标准施工招标文件（2009 年版）》，招标文件包括四卷八章的内容：

第一卷包括第一章～第五章：招标公告（投标邀请书）、投标人须知、评标办法、合同条款及格式和工程量清单等内容。

第二卷由第六章图纸（招标图纸）组成。

第三卷由第七章技术标准和要求组成。

第四卷由第八章投标文件格式组成。

该文件的使用说明如下：

第一章招标公告或投标邀请书格式供参考。招标公告或投标邀请书发布后，应编入招标文件中，作为投标邀请书使用。其中，招标公告应同时注明该公告发布的所有媒介名称。

第二章投标人须知正文应全文引用。“投标人须知前附表”用于进一步明确“投标人须知正文”中未尽事宜，招标人应结合招标项目具体特点和实际需要编制和填写，但不应与“投标人须知正文”内容相抵触，否则抵触内容无效。“投标人须知附件”所提供的格式文件供招标人参考使用。

第三章评标办法分别编印“经评审的最低投标价法”和“综合评估法”两种评标办法，招标人应根据项目具体特点和实际需要选择使用。“评标办法正文”应全文引用。“评标办法前附表”适用于进一步补充、明确评审因素和评审标准。招标人应根据招标项目具体特点和实际需要，详细列明正文之外的评审因素和评审标准，没有明列的因素和标准不应作为评标的依据。“评标办法附件”所提供的格式文件供招标人参考使用。

第四章合同条款及格式中通用合同条款应全文引用。专用合同条款系对通用合同条款进行补充、细化。除通用合同条款明确专用合同条款可作出不同约定外，补充细化的内容不得与通用合同条款规定相抵触，不得违反法律、法规和行业规章的有关规定和平等、自愿、公平以及诚实信用原则。

第五章工程量清单分别编印了两种格式，招标人可选择使用，但应注意与“投标人须知”“通用合同条款”“专用合同条款”“技术标准和要求（合同技术条款）”“图纸（招标图纸）”相衔接。

第六章图纸（招标图纸）提出了图纸有关要求，招标人应根据招标项目具体特点和实际需要，参考本章要求编制，但应注意与“投标人须知”“通用合同条款”“专用合同条款”“技术标准和要求（合同技术条款）”相衔接。

第七章技术标准和要求（合同技术条款）供参考，招标人可根据招标项目具体特点和实际需要进行修改和补充，但应注意与“通用合同条款”“专用合同条款”“工程量清单”相衔接。“技术标准和要求（合同技术条款）”应符合国家强制性标准，不得要求或标明某一特定的专利、商标、名称、设计、原产地或生产供应者，不得含有倾向或者排斥投标人的其他内容。如果必须引用某一生产供应者的技术标准才能准确或清楚地说明拟招标项目的技术标准时，则应当采用“参照或相当于×××技术标准”字样，“技术标准和要求（合同技术条款）”有关竣工验收（验收）以及质量评定与第四章“合同条款及格式”相关条款不一致时，以第四章“合同条款及格式”中采用的有关条款为准。

第八章投标文件格式供招标人参考使用。

2.9.2 评标办法

根据《水利水电工程标准施工招标文件（2009年版）》中第三章评标办法，水利工程评标办法有两种，包括经评审的最低投标价法、综合评估法。

1. 经评审的最低投标价法

经评审的最低投标价法是评标委员根据招标文件规定的量化因素及量化标准，对满足招标文件实质要求的投标文件进行价格折算，并按照评审投标价由低到高的顺序推荐中标候选人（投标报价低于其成本的除外）。经评审的投标价相等时，投标报价低的优先；投标报价也相等的，由招标人自行在招标文件中确定。

经评审的最低投标价法初步评审的因素和标准见表2.4。

表2.4　经评审的最低投标价法初步评审的因素和标准

条款号	评审因素	评审标准
1. 形式评审标准	1.1 投标人名称	与营业执照、资质证书、安全生产许可证一致
	1.2 投标函签字盖章	有法定代表人或其委托代理人签字或加盖单位章
	1.3 投标文件格式	符合《水利水电工程标准施工招标文件（2009年版）》第八章“投标文件格式”的要求
	1.4 联合体投标人	提交联合体协议书，并明确联合体牵头人（如有）
	1.5 报价唯一	只能有一个有效报价
	1.6 投标文件的正本、副本数量	符合《水利水电工程标准施工招标文件（2009年版）》第二章投标人须知第3.7.4款规定
	1.7 投标文件的印刷与装订	符合《水利水电工程标准施工招标文件（2009年版）》第二章投标人须知第3.7.5款规定
	1.8 形式评审其他标准	见评标办法前附表
2. 资格评审标准	2.1 营业执照	具备有效的营业执照
	2.2 安全生产许可证	具备有效的安全生产许可证
	2.3 资质等级	符合《水利水电工程标准施工招标文件（2009年版）》第二章投标人须知第1.4.1款规定
	2.4 财务状况	
	2.5 类似项目业绩	
	2.6 信誉	
	2.7 项目经理	
	2.8 联合体投标	
	2.9 企业主要负责人	具备有效的安全生产考核合格证书
	2.10 技术负责人资格	符合《水利水电工程标准施工招标文件（2009年版）》第二章投标人须知第1.4.1款规定
	2.11 委托代理人、安全管理人员（专职安全生产管理人员）、质量管理人员、财务负责人	应是投标人本单位人员，其中安全管理人员（专职安全生产管理人员）具备有效的安全生产考核合格证书
	2.12 资格评审其他标准	见评标办法前附表

续表

条款号	评审因素	评审标准
3. 响应性评审标准	3.1 投标内容	符合《水利水电工程标准施工招标文件（2009年版）》第二章投标人须知第1.3.1款规定
	3.2 计划工期	符合《水利水电工程标准施工招标文件（2009年版）》第二章投标人须知第1.3.2款规定
	3.3 工程质量	符合《水利水电工程标准施工招标文件（2009年版）》第二章投标人须知第1.3.3款规定
	3.4 投标有效期	符合《水利水电工程标准施工招标文件（2009年版）》第二章投标人须知第3.3.1款规定
	3.5 投标保证金	符合《水利水电工程标准施工招标文件（2009年版）》第二章投标人须知第3.4条规定
	3.6 权利义务	符合《水利水电工程标准施工招标文件（2009年版）》第四章合同条款及格式规定的权利义务
	3.7 已标价工程量清单	符合《水利水电工程标准施工招标文件（2009年版）》第五章工程量清单的有关要求
	3.8 技术标准和要求	符合《水利水电工程标准施工招标文件（2009年版）》第七章技术标准和要求（合同技术条款）的规定
	3.9 响应性评审其他标准	见评标办法前附表
4. 施工组织设计和项目管理机构评审标准	4.1 施工方案与技术措施	
	4.2 质量管理体系与措施	见评标办法前附表
	4.3 安全管理体系与措施	
	4.4 工程进度计划与措施	
	4.5 环境保护管理体系与措施	
	4.6 资源配备计划	
	4.7 其他主要人员	
	4.8 施工设备	
	4.9 试验、检测仪器设备	

2. 综合评估法

综合评估法是指评标委员会按照招标文件规定的评分标准，对满足招标文件实质性要求的投标文件进行打分，并按得分由高到低的顺序推荐中标候选人（投标报价低于其成本的除外）。综合评分相等时，以投标报价低的优先；投标报价也相等的，由招标人自行确定。

综合评估法初步评审仅包括形式评审、资格评审和响应性评审，具体评审标准，见表2.4。然后按照施工组织设计、项目管理机构、投标报价和其他评分因素进行打分，分值构成如下：

分值构成 （总分 100 分）	施工组织设计：________分 项目管理机构：________分 投标报价：________分 其他评分因素：________分

具体评分标准，见表 2.5。

表 2.5　　综合评估法分值构成因素和标准

序号	评　分　因　素	分值	评分标准	赋分
一	施工组织设计			
1	内容完整性和编制水平			
2	施工方案与技术措施			
	格式一：分部工程			
2.1	施工导流			
2.2	上下游连接工程			
2.3	基础工程			
2.4	水下工程			
2.5	上部结构			
2.6	设备安装工程			
2.7	观测工程			
	……			
	格式二：专业工程			
2.1	施工导流			
2.2	土方工程			
2.3	砌石工程			
2.4	混凝土工程			
2.5	基础处理工程			
2.6	设备安装工程			
2.7	观测工程			
	……			
3	质量管理体系与措施			
3.1	质量计划			
3.2	岗位职责			
3.3	材料采购			
3.4	过程控制及检验			

续表

序号	评　分　因　素	分值	评分标准	赋分
3.5	分项措施的针对性			
	……			
4	安全管理体系与措施			
4.1	安全体系建设			
4.2	安全预案可靠性			
4.3	安全经费保障			
	……			
5	环境保护管理体系与措施			
5.1	环境保护管理体系健全			
5.2	污染物处理和排放与国家和地方环境保护标准的符合性			
5.3	技术及管理措施可行性			
	……			
6	工程进度计划与措施			
6.1	进度计划			
6.2	关键路径			
6.3	逻辑关系			
6.4	措施保证计划			
	……			
7	资源配备计划			
7.1	设备配备计划			
7.2	劳动力配备计划			
7.3	其他施工生产资源类的配备计划			
7.4	资金使用计划			
	……			
二	项目管理机构			
1	项目经理学历、专业、职称和业绩			
2	技术负责人学历、专业、职称和业绩			
3	质量管理人员学历、专业、职称和业绩			
4	安全管理人员（专职安全生产管理人员）学历、专业、职称和业绩			
5	财务负责人学历、专业、职称和业绩			
	……			

续表

序号	评　分　因　素	分值	评分标准	赋分
三	投标报价			
1	投标总价			
2	投标分项报价			
2.1	基础价格			
2.2	费用构成			
2.3	主要工程项目的单价			
2.4	总价项目（措施项目）			
2.5	分项报价			
	……			
四	其他因素			
1	投标人的业绩			
2	综合实力			
3	财务状况			
	……			

注　本评分标准供招标人参考。

投标报价的偏差率计算方法：

$$偏差率=\frac{投标人报价-评标基准价}{评标基准价}\times 100\%$$

其中，评标基准价可按照下列方式之一，由招标人选择。

（1）采用有效报价的平均数确定评标基准价（适用于招标人不提供标底的）：

$$S=\begin{cases}\dfrac{a_1+a_2+\cdots+a_n-M-N}{n-2} & (n\geqslant 5)\\[2ex] \dfrac{a_1+a_2+\cdots+a_n}{n} & (n\leqslant 4)\end{cases}$$

式中　S——评标基准价；

a_i——投标人的有效报价（$i=1,2,\cdots,n$），有效报价约定见评标办法前附表；

n——有效报价的投标人个数；

M——最高的投标人有效报价；

N——最低的投标人有效报价。

（2）采用复合标底确定评标基准价（适用于招标人提供标底的）：

$$S=T\times A+\frac{a_1+a_2+\cdots+a_n}{n}\times(1-A)$$

式中　S——评标基准价；

a_i——投标人有效报价（$i=1,2,\cdots,n$），有效报价约定见评标办法前附表；

T——招标人标底；

A——招标人标底在评标基准价中所占的权重，权重约定见评标办法前附表；

n——有效报价的投标人个数。

3. 两种评标办法的比较

两种评标办法的区别见表2.6。由表2.6可知，两种评标办法的不同点在于施工组织设计、项目管理机构和投标报价等评审因素的评审标准不同。通过研读评标办法，投标人可以针对评审指标更好地编制投标文件，做到有的放矢，避免废标。

表2.6　经评审的最低投标价法与综合评估法的区别

评标办法	初步评审因素	详细评审
经评审的最低投标价法	形式评审、资格评审、响应性评审、施工组织设计和项目管理机构评审	根据量化因素（单价遗漏、付款条件等）进行价格折算，计算评标价
综合评估法	形式评审、资格评审、响应性评审	根据施工组织设计、项目管理机构、投标报价等评分标准进行打分，计算综合评估得分

4. 评标案例

【背景材料】某工程项目由于技术复杂、难度大，对施工单位的施工设备和同类工程施工经验要求高。业主在对有关单位和在建工程考察的基础上，经项目审批部门同意，邀请了3家国有一级施工企业参加投标。业主要求投标单位将技术标和商务标分别装订报送。招标文件确定的评标规定如下：

（1）技术标共30分，其中施工方案10分、施工总工期10分、工程质量10分。满足业主总工期要求（36个月）者得4分，每提前1个月加1分，不满足者为废标；自报工程质量合格者得4分，自报工程质量优良者得6分（若实际工程质量未达到优良将扣罚合同价的2%），近三年内获鲁班工程奖每项加2分，获省优工程奖每项加1分。

（2）商务标共70分。报价不超过标底（35500万元）的±5%者为有效标，超过者为废标。报价为标底的98%者得满分（70分），在此基础上，报价每下降1%，扣1分，每上升1%，扣2分（计分按四舍五入取整）。

经评标专家评审，各投标单位的得分情况见表2.7。

表2.7　各投标单位的得分情况

投标单位	报价/万元	施工方案得分	总工期/月	自报工程质量	鲁班工程奖	省优工程奖
A	35642	8	33	优良	1	1
B	34364	9	31	优良	0	2
C	33867	8	32	合格	0	1

【问题】

（1）该工程采用邀请招标方式且仅邀请3家施工单位投标，是否违反有关规定？

（2）分别计算各投标单位的技术标、商务标得分。

（3）计算各投标单位的综合得分，并按综合得分最高者中标的原则确定中标单位。

【答案】

(1) 不违反(或符合)有关规定。因为根据有关规定,对于技术复杂的工程,经项目审批部门批准,允许采用邀请招标方式,邀请参加投标的单位不得少于 3 家。

(2) 各投标单位的技术标、商务标得分。

1) 计算各投标单位的技术标得分(表 2.8)。

表 2.8　　各投标单位的技术标得分

投标单位	施工方案	总　工　期	工程质量	合计
A	8	4+(36-33)×1=7	6+2+1=9	24
B	9	4+(36-31)×1=9	6+1×2=8	26
C	8	4+(36-32)×1=8	4+1=5	21

2) 计算各投标单位的商务标得分(表 2.9)。

表 2.9　　各投标单位的商务标得分

投标单位	报价/万元	报价与标底的比例/%	扣　分	得分
A	35642	35642÷35500=100.4	(100.4-98)×2=4.8	70-4.8=65.2
B	34364	34364÷35500=96.8	(98-96.8)×1=1.2	70-1.2=68.8
C	33867	33867÷35500=95.4	(98-95.4)×1=2.6	70-2.6=67.4

(3) 计算各投标单位的综合得分(表 2.10)。

表 2.10　　各投标单位的综合得分

投标单位	技术标得分	商务标得分	综合得分
A	24	65.2	89.2
B	26	68.8	94.8
C	21	67.4	88.4

因为 B 公司综合得分最高,故应选择 B 公司为中标单位。

2.9.3　合同条款

1. 合同条款的组成

根据《水利水电工程标准施工招标文件(2009 年版)》,合同条款分为通用合同条款和专用合同条款两部分,通用合同条款的内容按我国各建设行业工程合同管理中的共性规则制定;专用合同条款则根据各行业的管理要求和具体工程的特点,由各行业在其施工招标文件范本中自行制定。

通用合同条款全文共 24 条 130 款,分为以下八组:

第一组第 1 条一般约定中第 1.1 款"词语定义"是为准确理解本合同条款,对合同中使用的主要用语和常用语予以专门定义;第 1.2~1.12 款为有关合同文件的通用性解释和一般性说明。

第二组第 2~4 条为合同条款编制框架需要表述的第一层次条款内容,其目的是列出合同双方总体的合同责任及其相应的权利和义务。

第三组第 5～9 条列出双方投入施工资源的责任及其具体操作内容。

第四组第 10～12 条列出双方对工程进度控制的责任及其具体操作内容。

第五组第 13、14 条列出双方对工程质量控制的责任及其具体操作内容。

第六组第 15～17 条列出双方对工程投资控制的责任及其具体操作内容。

第七组第 18、19 条列出双方对工程竣工验收、缺陷修复、保修责任及其具体操作内容。

第三～七组为合同条款编制框架需要表述的第二层次条款内容，列出合同双方在工程建设过程中为完成合同约定的实物目标，需要各自履行的具体工作责任及相应的权利和义务。

第八组第 20～24 条是为保障上述第二层次条款的实物操作内容得以公正、公平地顺利执行，保障工程的圆满完成。这一组条款应与国家的合同法及相关的法律法规衔接好，以充分体现本合同执法的公正性。

（1）发包人的义务和责任界定。

《水利水电工程标准施工招标文件（2009 年版）》将发包人和承包人的义务和责任进行了合理划分。合同约定的发包人义务和责任反映了合同管理的主要方面。除合同约定外，发包人还须根据有关规定承担法定的义务和责任。

1）发包人的义务和责任。

a. 遵守法律。

b. 发出开工通知。

c. 提供施工场地。

d. 协助承包人办理证件和批件。

e. 组织设计交底。

f. 支付合同价款。

g. 组织法人验收。

h. 专用合同条款约定的其他义务和责任。

2）发包人在履行义务和责任时应注意事项。

a. 发包人在履行合同过程中应遵守法律，并保证承包人免于承担因发包人违反法律而引起的任何责任。

b. 发包人应及时向承包人发出开工通知，若延误发出开工通知，将可能使承包人失去开工的最佳时机，影响工程工期，并可能形成索赔。开工通知的具体要求如下：

（a）监理人应在开工日期 7 天前向承包人发出开工通知。监理人在发出开工通知前应获得发包人同意。

（b）工期自监理人发出的开工通知中载明的开工日期起计算。

（c）承包人应在开工日期后尽快施工。承包人在接到开工通知后 14 天内未按进度计划要求及时进场组织施工，监理人可通知承包人在接到通知后 7 天内提交一份说明其进场延误的书面报告，报送监理人。书面报告应说明不能及时进场的原因和补救措施，由此增加的费用和工期延误责任由承包人承担。

c. 提供施工场地是发包人的义务和责任，特殊条件下，临时征地可由承包人负责实施，但责任仍旧是发包人的。施工场地包括永久占地和临时占地。发包人提供施工场地的要求如下：

(a) 发包人应在合同双方签订合同协议书后的14天内，将本合同工程的施工场地范围图提交给承包人。发包人提供的施工场地范围图应标明场地范围内永久占地与临时占地的范围和界限，以及指明提供给承包人用于施工场地布置的范围和界限及其有关资料。

(b) 发包人提供的施工用地范围在专用合同条款中约定。

(c) 除专用合同条款另有约定外，发包人应按技术标准和要求（合同技术条款）的约定，向承包人提供施工场地内的工程地质图纸和报告，以及地下障碍物图纸等施工场地有关资料，并保证资料的真实、准确、完整。

d. 发包人应协助承包人办理法律规定的有关施工证件和批件。

e. 发包人应根据合同进度计划，组织设计单位向承包人进行设计交底。

f. 发包人应按合同约定向承包人及时支付合同价款，包括按合同约定支付工程预付款和进度付款，工程通过完工验收后支付完工付款，保修期期满后及时支付最终结清款。

g. 发包人应按合同约定及时组织法人验收。发包人在验收方面的义务即承担法人验收职责：法人验收包括分部工程验收、单位工程验收、中间机组启动验收和合同工程完工验收。水利水电工程竣工验收是政府验收范畴，由政府负责。验收的具体要求根据《水利水电建设工程验收规程》(SL 223—2008) 在合同验收条款中约定。

(2) 承包人的义务和责任界定。

《水利水电工程标准施工招标文件（2009年版）》将发包人和承包人的义务和责任进行了合理划分。合同约定的发包人义务和责任反映了合同管理的主要方面。除合同约定外，承包人还须根据有关规定承担法定的义务和责任。

1) 承包人的义务和责任。

a. 遵守法律。

b. 依法纳税。

c. 完成各项承包工作。

d. 对施工作业和施工方法的完备性负责。

e. 保证工程施工和人员的安全。

f. 负责施工场地及其周边环境与生态的保护工作。

g. 避免施工对公众与他人的利益造成损害。

h. 为他人提供方便。

i. 工程的维护和照管。

j. 专用合同条款约定的其他义务和责任。

2) 发包人在履行义务和责任时应注意事项。

a. 承包人在履行合同过程中应遵守法律，并保证发包人免于承担因承包人违反法律而引起的任何责任。

b. 承包人应按有关法律规定纳税，应缴纳的税金包括在合同价格内。承包人应纳税包括营业税、城建税、教育费附加、企业所得税等。

c. 承包人应按合同约定以及监理人指示，实施、完成全部工程，并修补工程中的任何缺陷。除合同条款另有约定外，承包人应提供为完成合同工作所需的劳务、材料、施工设备、工程设备和其他物品，并按合同约定负责临时设施的设计、建造、运行、维护、管理和拆除。

d. 承包人应按合同约定的工作内容和施工进度要求，编制施工组织设计和施工措施计划，并对所有施工作业和施工方法的完备性和安全可靠性负责。

e. 承包人应采取施工安全措施，确保工程及其人员、材料、设备和设施的安全，防止因工程施工造成的人身伤害和财产损失。承包人必须按国家法律法规、技术标准和要求，通过详细编制并实施经批准的施工组织设计和措施计划，确保建设工程能满足合同约定的质量标准和国家安全法规的要求。承包人安全生产方面的职责和义务参见《水利工程建设项目安全生产管理规定》。

f. 承包人在进行合同约定的各项工作时，不得侵害发包人与他人使用公用道路、水源、市政管网等公共设施的权利，避免对邻近的公共设施产生干扰。承包人占用或使用他人的施工场地，影响他人作业或生活的，应承担相应责任。

g. 承包人应按监理人的指示为他人在施工场地或附近实施与工程有关的其他各项工作提供可能的条件。除合同另有约定外，提供有关条件的内容和可能发生的费用，由监理人商定或确定。

h. 除合同另有约定外，合同工程完工证书颁发前，承包人应负责照管和维护工程。合同工程完工证书颁发时尚有部分未完工程的，承包人还应负责该未完工程的照管和维护工作，直至完工后移交给发包人为止。

2. 合同文件构成

根据《标准施工招标文件》中第四章第三节合同协议书的格式，合同文件包括9部分：①合同协议书；②中标通知书；③投标函及投标函附录；④专用合同条款；⑤通用合同条款；⑥技术标准和要求（合同技术条款）；⑦图纸；⑧已标价工程量清单；⑨其他合同文件。

这9部分构成了整个合同文件，并且按照顺序具备优先级，在前面的比后面的优先解释级别高。下面对合同文件每一部分做详细解释。

（1）合同协议书。承包人按中标通知书规定的时间与发包人签订合同协议书。除法律另有规定或合同另有约定外，发包人和承包人的法定代表人或其委托代理人在合同协议书上签字并盖单位章后，合同生效。

（2）中标通知书。指发包人正式向中标人授标的通知书。中标人确定后，发包人应发中标通知书给中标人，表明发包人已接受其投标并通知该中标人在规定的期限内派代表前来签订合同。若在签订合同前尚有遗留问题需要洽谈，可在发中标通知书前先发中标意向书，邀请对方就遗留问题进行合同谈判。一般说来，意向书仅表达发包人接受投标的意愿，但尚有一些问题需进一步洽谈，则并不说明该投标人已中标。

（3）投标函及投标函附录。投标函指构成合同文件组成部分的由承包人填写并签署的投标函。投标函附录指附在投标函后构成合同文件的投标函附录。

（4）专用合同条款。专用合同条款是补充和修改通用合同条款中条款号相同的条款或当需要时增加的条款。通用合同条款与专用合同条款应对照阅读，一旦出现矛盾或不一致时，则以专用合同条款为准，通用合同条款中未补充和修改的部分仍有效。

（5）通用合同条款。通用合同条款的编制依据是《中华人民共和国民法典》和《中华人民共和国标准施工招标文件》，其编制体系参照了国际通用的菲迪克施工合同条件；吸收了现行水利水电工程建设项目中有关质量、安全、进度、变更、索赔、计量支付、风险管理等方面的规定。

（6）技术标准和要求（合同技术条款）。列入施工合同的技术条款是构成施工合同的重要组成部分，专用合同条款和通用合同条款主要是划清发包人和承包人双方在合同中各自的责任、权利和义务，而技术条款则是双方责任、权利和义务在工程施工中的具体工作内容，也是合同责任、权利和义务在工程安全和施工质量管理等实物操作领域的具体延伸。技术条款是发包人委托监理人进行合同管理的实物标准，也是发包人和监理人在工程施工过程中实施进度、质量和费用控制的操作程序和方法。

技术条款是投标人进行投标报价和发包人进行合同支付的实物依据。投标人应按合同进度要求和技术条款规定的质量标准，根据自身的施工能力和水平，参照行业定额，运用实物法原理编制其企业的施工定额，计算投标价进行投标；中标后，承包人应根据合同约定和技术条款的规定组织工程施工；在施工过程中，发包人和监理人则应根据技术条款规定的质量标准进行检查和验收，并按计量支付条款的约定执行支付。

（7）图纸。指列入合同的招标图纸、投标图纸和发包人按合同约定向承包人提供的施工图纸和其他图纸（包括配套说明和有关资料）。列入合同的招标图纸已成为合同文件的一部分，具有合同效力，主要用于在履行合同中作为衡量变更的依据，但不能直接用于施工。经发包人确认进入合同的投标图纸亦成为合同文件的一部分，用于在履行合同中检验承包人是否按其投标时承诺的条件进行施工的依据，亦不能直接用于施工。

（8）已标价工程量清单。指构成合同文件组成部分的由承包人按照规定的格式和要求填写并标明价格的工程量清单。

2.9.4 工程量清单编制要点

《水利水电工程标准施工招标文件（2009年版）》提供了两种工程量清单编制格式，招标人可根据招标项目具体特点选择使用。第一种格式的编制基础是《水利工程工程量清单计价规范》（GB 50501—2007）；第二种格式的编制基础是《水利水电工程施工合同和招标文件示范文本》（GF-2000-0208）。

1. 水利工程工程量清单格式

工程量清单由分类分项工程量清单、措施项目清单、其他项目清单和零星工作项目清单组成。

（1）分类分项工程量清单。

分类分项工程量清单应包括序号、项目编码、项目名称、计量单位、工程数量、主要技术条款编码和备注。分类分项工程量清单应根据《水利工程工程量清单计价规范》

（GB 50501—2007）规定的项目编码、项目名称、主要项目特征、计量单位、工程量计算规则、主要工作内容和一般适用范围进行编制。具体要求如下：

1）项目编码。项目编码采用十二位阿拉伯数字表示（由左至右计位）。一～九位为统一编码，其中，一、二位为水利工程顺序码，三、四位为专业工程顺序码，五、六位为分类工程顺序码，七～九位为分项工程顺序码；十～十二位为清单项目名称顺序码。建筑工程工程量清单项目自001起顺序编制，安装工程工程量清单项目自000起顺序编制。例如一般石方开挖的项目编号为：500102001001。

2）分项目名称。项目名称应根据主要项目特征并结合招标工程的实际确定。

3）计量单位。应按规定的计量单位确定。

4）工程数量。工程数量应根据合同技术条款计量和支付规定计算。工程数量的有效位数应遵守下列规定：以“立方米”“平方米”“米”“公斤”“个”“项”“根”“块”“组”“面”“只”“相”“站”“孔”“束”为单位的，应取整数；以“吨”“千米”为单位的，应保留小数点后2位数字，第3位数字四舍五入。

表2.11为南水北调某分类分项工程量清单表。

表2.11　为南水北调某分类分项工程量清单表

合同编号：HNJ-2010/XZ/SG-001

工程名称：南水北调中线一期工程总干渠沙河南—黄河南（委托建管项目）新郑南段

序号	项目编码	项目名称	计量单位	工程数量	单价/元	合价/元	备注
1		建筑工程					
1.1		渠道建筑工程					
1.1.1		渠道土方工程					
1.1.1.1	500101002001	土方开挖	m^3	1634824			
1.1.1.2	500103001001	渠堤土方填筑	m^3	159205			
……							

（2）措施项目清单。

措施项目指为完成工程项目施工，发生于该工程施工前和施工过程中招标人不要求列示工程量的施工措施项目。措施项目清单，主要包括环境保护、文明施工、安全防护措施、小型临时工程、施工企业进退场费、大型施工设备安拆费等，应根据招标工程的具体情况参考表2.12编制。

表2.12　措施项目一览表

序号	项目名称	序号	项目名称
1	环境保护措施	5	施工企业进退场费
2	文明施工措施	6	大型施工设备安拆费
3	安全防护措施		……
4	小型临时工程		

(3) 其他项目清单。

其他项目指为完成工程项目施工，发生于该工程施工过程中招标人要求计列的费用项目。其他项目清单列暂列金额一项，指招标人为暂定项目和可能发生的合同变更而预留的金额，一般可取分类分项工程项目和措施项目合价的5%。

(4) 零星工作项目清单。

零星工作项目指完成招标人提出的零星工作项目所需的人工、材料、机械单价，也称“计日工”。

零星工作项目清单，指编制人应根据招标工程具体情况，对工程实施过程中可能发生的变更或新增加的零星项目，列出人工（按工种）、材料（按名称和规格型号）、机械（按名称和规格型号）的计量单位，并随工程量清单发至投标人。

(5) 工程量清单格式。

工程量清单根据规范《水利工程工程量清单计价规范》(GB 50501—2007) 应采用统一格式。工程量清单格式应由下列内容组成：

1) 封面。

2) 填表须知。

3) 总说明。

4) 分类分项工程量清单。

5) 措施项目清单。

6) 其他项目清单。

7) 零星工作项目清单。

8) 其他辅助表格。

a. 招标人供应材料价格表。

b. 招标人提供施工设备表。

c. 招标人提供施工设施表。

(6) 工程量清单格式填写规定。

工程量清单格式的填写应符合下列规定：

1) 工程量清单应由招标人编制。

2) 填表须知除本规范内容，招标人可根据具体情况进行补充。

3) 总说明填写。

a. 招标工程概况。

b. 工程招标范围。

c. 招标人供应的材料、施工设备、施工设施简要说明。

d. 其他需要说明的问题。

4) 分类分项工程量清单填写。

a. 项目编码，按规范《水利工程工程量清单计价规范》(GB 50501—2007) 规定填写，规范附录A和附录B中项目编码以×××表示的十～十二位由编制人自001起顺序编码。

b. 项目名称，根据招标项目规模和范围，附录A和附录B的项目名称，参照行业有关规定，并结合工程实际情况设置。

c. 计量单位的选用和工程量的计算应符合规范附录A和附录B的规定。

d. 主要技术条款编码，按招标文件中相应技术条款的编码填写。

5）措施项目清单填写。按招标文件确定的措施项目名称填写。凡能列出工程数量并按单价结算的措施项目，均应列入分类分项工程量清单。

6）其他项目清单填写。按招标文件确定的其他项目名称、金额填写。

7）零星工作项目清单填写。

a. 名称及规格型号，人工按工种，材料按名称和规格型号，机械按名称和规格型号，分别填写。

b. 计量单位，人工以工日或工时，材料以t、m^3等，机械以台时或台班，分别填写。

8）招标人供应材料价格表填写。按表中材料名称、型号规格、计量单位和供应价填写，并在供应条件和备注栏内说明材料供应的边界条件。

9）招标人提供施工设备表填写。按表中设备名称、型号规格、设备状况、设备所在地点、计量单位、数量和折旧费填写，并在备注栏内说明对投标人使用施工设备的要求。

10）招标人提供施工设施表填写。按表中项目名称、计量单位和数量填写，并在备注栏内说明对投标人使用施工设施的要求。

2. 工程量清单分组格式

工程量清单分组计价格式按GF-2000-0208进行工程量清单的项目分组。工程量清单按单位工程或专项工程模式进行分组。

（1）按单位工程分组。

分组工程量清单报价表中的序号分为四段数字：

第一段——第二段——第三段——第四段

其分段含意为：第一段数字为分组号，代表单位工程序号；第二段数字为专业工程序号，与技术标准和要求（合同技术条款）的章号相一致；第三段数字为该专业工程下属的子项序号；第四段数字为第三段数字所指工程子项的下属孙项序号。

（2）按技术标准和要求（合同技术条款）各章的专项工程进行分组。

分组工程量清单报价表中的序号分为四段数字：

第一段——第二段——第三段——第四段

其分段含意为：第一段数字为分组号，代表专项工程序号，与技术标准和要求（合同技术条款）中各章的章号一致；第二段数字为单位工程序号，同一单位工程在各分组工程量清单报价表中序号的第二段数字相同；第三段数字为该单位工程下属的子项序号；第四段数字为第三段数字所指工程子项的下属孙项序号。

2.9.5 工程量清单编制案例

下面是某水闸工程量清单文件。

××水闸 工程

工 程 量 清 单

合同编号：SL 2023—0306

招　标　人：××单位名称（单位盖章）

招标单位
法定代表人：××单位名称（签字盖章）

中介机构
法定代表人：××单位法定代表人（签字盖章）

造价工程师
及注册证号：××造价师（签字盖执业专用章）

编制时间：××××年××月××日

表1 **总 说 明**

合同编号：SL 2023—0306

工程名称：××水闸工程 第1页、共1页

一、工程概况

××水闸工程位于××省××市××县境内，总净宽××m，闸室结构为钢筋混凝土结构，长××m，平面钢闸门，液压启闭开关，设计流量××m^3/s。

二、招标范围

本次招标由5个闸站项目组成。

三、发包人提供的条件

现场水路、陆路交通条件便利，本合同范围内供电、供水由承包商自己负责考虑，施工营地由发包人提供。

四、合同工期及控制性进度表

本合同工程计划于××××年××月××日开工，于××××年××月××日完工，计划工期××个月。

五、质量、安全、环境保护要求

质量、安全、环境保护要求见招标文件技术条款。

六、工程量清单说明

预留金按200万元固定额计列。

表 2 **分类分项工程量清单**

合同编号：SL 2023—0306

工程名称：××水闸工程　　　　第 1 页、共 6 页

序号	项目编码	项目名称	计量单位	工程数量	主要技术条款编码	备注
1		1 号闸站				
1.1		土方开挖工程				
1.1.1	500101002001	土方开挖	m^3	8991	4	
1.2		土石方填筑工程				
1.2.1	500103001001	土方填筑	m^3	6039	5	
1.2.2	500103007001	砂砾石垫层填筑	m^3	91	5	
1.3		混凝土工程				
1.3.1	500109001001	排水涵洞混凝土 C25	m^3	60	9	
1.3.2	500109001002	进、出水池底板混凝土 C25	m^3	99	9	
1.3.3	500109001003	进、出水池墙混凝土 C25	m^3	176	9	
1.3.4	500109001004	启闭机活动梁、电机梁、起吊梁混凝土 C25	m^3	7	9	
1.3.5	500109001005	翼墙混凝土 C25，含底板和直墙	m^3	325	9	
1.3.6	500109001006	闸室底板混凝土 C25	m^3	52	9	
1.3.7	500109001007	闸室墙、排架混凝土 C25	m^3	94	9	
1.3.8	500109001008	顶现浇盖板混凝土 C25	m^3	4	9	
1.3.9	500109001009	人行便桥、交通桥混凝土 C25	m^3	12	9	
1.3.10	500109001010	活动门挡混凝土 C25	m^3	1	9	
1.3.11	500109001011	闸门混凝土 C25	m^3	3	9	
1.3.12	500109001012	消力池混凝土 C25	m^3	21	9	
1.3.13	500109001013	护坡护底混凝土 C25	m^3	91	9	
1.4		钢筋、钢构件加工及安装工程				
1.4.1	500111001001	钢筋加工及安装	t	35.16	9	
1.5		其他建筑工程				
1.5.1	500114001001	管理用房（砖混）	m^3	115	14	
1.6		机电设备安装工程				
1.6.1		电缆安装及敷设				
1.6.1.1	500201018001	电缆敷设 VV-3X150+1X50	m	20	15	
1.6.1.2	500201018002	电缆敷设 VV-3X70	m	20	15	
1.6.2		接地装置安装				
1.6.2.1	500201020001	接地扁钢及穿线钢管工程	m	0.67	15	
1.6.3		其他机电设备安装工程				
1.6.3.1	500201034001	单基础泵安装 600ZLDB-125	台套	2	15	

表 2　　分类分项工程量清单(续)

合同编号：SL 2023—0306

工程名称：××水闸工程　　第 2 页、共 6 页

序号	项目编码	项目名称	计量单位	工程数量	主要技术条款编码	备注
1.6.3.2	500201034002	电机安装 Y315M－8，75kM	台	2	15	
1.6.3.3	500201034003	变压器安装 S9－200kVA，10/0.4kV	台	1	15	
1.6.3.4	500201034004	计量进线柜安装 GG2	台	1	15	
1.6.3.5	500201034005	电容柜安装 GGJ1	台	1	15	
1.6.3.6	500201034006	电机控制柜安装 GGD2	台	2	15	
1.7		金属结构设备安装工程				
1.7.1		闸门设备安装				
1.7.1.1	500202005001	铸铁闸门安装 1.5m×1.2m	t	2.68	16	
1.7.2		其他金属结构设备安装工程				
1.7.2.1	500202009001	启闭机安装，手动螺杆式 3t	台	1	16	
1.7.2.2	500202009002	钢管安装栏杆 $\Phi 5$	m	268	16	
2		2 号闸站				
2.1		土方开挖工程				
2.1.1	500101002002	土方开挖	m^3	8991	4	
2.2		土石方填筑工程	m^3			
2.2.1	500103001002	土方填筑	m^3	6039	5	
2.2.2	500103007002	砂砾石垫层填筑	m^3	91	5	
2.3		混凝土工程				
2.3.1	500109001014	排水涵洞混凝土 C25	m^3	60	9	
2.3.2	500109001015	进、出水池底板混凝土 C25	m^3	99	9	
2.3.3	500109001016	进、出水池墙混凝土 C25	m^3	176	9	
2.3.4	500109001017	启闭机活动梁、电机梁、起吊梁混凝土 C25	m^3	7	9	
2.3.5	500109001018	翼墙混凝土 C25，含底板和直墙	m^3	325	9	
2.3.6	500109001019	闸室底板混凝土 C25	m^3	52	9	
2.3.7	500109001020	闸室墙、排架混凝土 C25	m^3	94	9	
2.3.8	500109001021	顶现浇盖板混凝土 C25	m^3	4	9	
2.3.9	500109001022	人行便桥、交通桥混凝土 C25	m^3	12	9	
2.3.10	500109001023	活动门挡混凝土 C25	m^3	1	9	
2.3.11	500109001024	闸门混凝土 C25	m^3	3	9	
2.3.12	500109001025	消力池混凝土 C25	m^3	21	9	
2.3.13	500109001026	护坡、护底混凝土 C20	m^3	91	9	

表 2　　分类分项工程量清单(续)

合同编号：SL 2023—0306

工程名称：××水闸工程　　第 3 页、共 6 页

序号	项目编码	项目名称	计量单位	工程数量	主要技术条款编码	备注
2.4		钢筋、钢构件加工及安装工程				
2.4.1	500111001002	钢筋加工及安装	t	34.16	9	
2.5		其他建筑工程				
2.5.1	500114001002	管理用房砖混	m^3	115	14	
2.6		机电设备安装工程				
2.6.1		电缆安装及敷设				
2.6.1.1	500201018003	电缆敷设 VV-3X150+1X50	m	20	15	
2.6.1.2	500201018004	电缆敷设 VV3X70	m	20	15	
2.6.2		接地装置安装				
2.6.2.1	500201020002	接地扁钢及穿线钢管安装	T	0.67	15	
2.6.3		其他机电设备安装				
2.6.3.1	500201034007	单基础泵安装 600ZLDB-125	台套	2	15	
2.6.3.2	500201034008	电机安装 Y315M，75kW	台	2	15	
2.6.3.3	500201034009	变压器安装 S9-200kVA，10/0.4kV	台	1	15	
2.6.3.4	500201034010	计量进线柜安装	台	1	15	
2.6.3.5	500201034011	电容柜安装 GGJ1	台	1	15	
2.6.3.6	500201034012	电机控制柜安装	台	2	15	
2.7		金属结构设备安装工程				
2.7.1		闸门设备安装				
2.7.1.1	500202005002	铸铁闸门安装 1.5m×1.2m	t	2.68	16	
2.7.2		其他金属结构设备安装工程				
2.7.2.1	500202009003	启闭机安装，手动螺杆式 3t	台	1	16	
2.7.2.2	500202009004	钢管安装栏杆 $\Phi 5$	m	268	16	
3		3 号闸站				
3.1		土方开挖工程				
3.1.1	500101002003	土方开挖	m^3	2013	4	
3.2		土石方填筑工程				
3.2.1	500103001003	土石填筑	m^3	1342	5	
3.2.2	500103007003	碎石垫层填筑	m^3	8	5	
3.2.3	500103007004	粗砂垫层填筑	m^3	8	5	
3.3		混凝土工程				
3.3.1	500109001027	闸底板混凝土 C25	m^3	38	9	

表 2　　分类分项工程量清单(续)

合同编号：SL 2023—0306

工程名称：××水闸工程　　第 4 页、共 6 页

序号	项目编码	项目名称	计量单位	工程数量	主要技术条款编码	备注
3.3.2	500109001028	闸墙混凝土 C25	m^3	71	9	
3.3.3	500109001029	工作桥混凝土 C25	m^3	7	9	
3.3.4	500109001030	排架、启闭梁混凝土 C25	m^3	1	9	
3.3.5	500109001031	上、下游翼墙混凝土 C25，含底板、立板和扶臂	m^3	372	9	
3.3.6	500109001032	护坦混凝土 C20	m^3	28	9	
3.3.7	500109001033	反滤层混凝土 C20	m^3	21	9	
3.3.8	500109001034	闸门混凝土 C20	m^3	4	9	
3.4		钢筋、钢构件加工及安装工程				
3.4.1	500111001003	钢筋加工及安装	t	24.16	9	
3.5		金属结构设备安装工程				
3.5.1		其他金属结构设备安装工程				
3.5.1.1	500202009005	钢管栏杆安装	m	13	16	
3.5.1.2	500202009006	手动葫芦安装	副	1	16	
4		4 号闸站				
4.1		土方开挖				
4.1.1	500101002004	土方开挖	m^3	1342	4	
4.2		土石方填筑工程				
4.2.1	500103001004	土方填筑	m^3	2013	5	
4.2.2	500103007005	碎石垫层填筑	m^3	8	5	
4.2.3	500103007006	粗砂垫层填筑	m^3	8	5	
4.3		混凝土工程				
4.3.1	500109001035	闸底板混凝土 C25	m^3	38	9	
4.3.2	500109001036	闸墙混凝土 C25	m^3	71	9	
4.3.3	500109001037	工作桥混凝土 C25	m^3	7	9	
4.3.4	500109001038	排架、启闭梁混凝土 C25	m^3	1	9	
4.3.5	500109001039	上、下游翼墙混凝土 C25，含底板、立板和扶臂	m^3	372	9	
4.3.6	500109001040	护坦混凝土 C20	m^3	28	9	
4.3.7	500109001041	反滤层混凝土 C20	m^3	21	9	
4.3.8	500109001042	闸门混凝土 C25	m^3	4	9	
4.4		钢筋、钢构件加工及安装工程				
4.4.1	500111001004	钢筋加工及安装	t	24.16	9	

表 2　　分类分项工程量清单(续)

合同编号：SL 2023—0306

工程名称：××水闸工程　　第 5 页、共 6 页

序号	项目编码	项目名称	计量单位	工程数量	主要技术条款编码	备注
4.5		金属结构设备安装工程				
4.5.1		其他金属结构设备安装工程				
4.5.1.1	500202009007	钢管栏杆安装	m	13	16	
4.5.1.2	500202009008	手动葫芦安装	副	1	16	
5		5 号闸站				
5.1		土方开挖工程				
5.1.1	500101002005	土方开挖	m^3	8991	4	
5.2		土方填筑工程				
5.2.1	500103001005	土方填筑	m^3	6039	4	
5.2.2	500103007007	砂砾石垫层填筑	m^3	91	5	
5.3		混凝土工程				
5.3.1	500109001043	排水涵洞混凝土 C25	m^3	60	9	
5.3.2	500109001044	进、出水池地板混凝土 C25	m^3	99	9	
5.3.3	500109001045	进、出水池墙混凝土 C25	m^3	176	9	
5.3.4	500109001046	启闭机活动梁、电机梁、起吊梁混凝土 C25	m^3	7	9	
5.3.5	500109001047	翼墙混凝土 C25，含底板和直墙	m^3	325	9	
5.3.6	500109001048	闸室底板混凝土 C25	m^3	52	9	
5.3.7	500109001049	闸室墙、排架混凝土 C25	m^3	94	9	
5.3.8	500109001050	顶现浇盖板混凝土 C25	m^3	4	9	
5.3.9	500109001051	人行便桥、交通桥混凝土 C25	m^3	12	9	
5.3.10	500109001052	活动门挡混凝土 C25	m^3	1	9	
5.3.11	500109001053	闸门混凝土 C25	m^3	3	9	
5.3.12	500109001054	消力池混凝土 C25	m^3	21	9	
5.3.13	500109001055	护坡护底混凝土 C20	m^3	91	9	
5.4		钢筋、钢构件加工及安装工程				
5.4.1	500111001005	钢筋加工及安装	t	35.16	9	
5.5		其他建筑工程				
5.5.1	500114001003	管理用房砖混	m^2	115	14	
5.6		机电设备安装工程				
5.6.1		电缆安装及敷设				
5.6.1.1	500201018005	电缆敷设 VV－3X150＋1X50	m	20	15	
5.6.1.2	500201018006	电缆敷设 VV－3X70	m	20	15	

表 2 **分类分项工程量清单(续)**

合同编号：SL 2023—0306

工程名称：××水闸工程 第6页、共6页

序号	项目编码	项目名称	计量单位	工程数量	主要技术条款编码	备注
5.6.2		接地装置安装				
5.6.2.1	500201020003	接地扁钢及穿线钢管安装	t	0.67	15	
5.6.3						
5.6.3.1	500201034013	水泵安装 600ZLDB-125	台套	2	15	
5.6.3.2	500201034014	电机安装 Y315M-8，75kW	台	2	15	
5.6.3.3	500201034015	变压器安装 S9-200kVA，10/0.4kV	台	1	15	
5.6.3.4	500201034016	计量柜安装 GG2	台	1	15	
5.6.3.5	500201034017	电容进线柜安装 GGJ1	台	1	15	
5.6.3.6	500201034018	机电控制柜安装 GGD2	台	2	15	
5.7		金属结构设备安装工程				
5.7.1		闸门设备安装				
5.7.1.1	500202005003	铸铁闸门安装 1.5m×1.2m	t	2.68	16	
5.7.2						
5.7.2.1	500202009009	启闭机安装　手动螺杆式 3t	台	1	16	
5.7.2.2	500202009010	栏杆安装　钢管 $\Phi5$	m	268	16	

表3　　措 施 项 目 清 单

合同编号：SL 2023—0306

工程名称：××水闸工程　　第1页、共1页

序号	项 目 名 称	备 注
1	进退场费	
1.1	进场费	总价承包
1.2	退场费	总价承包
2	临建措施项目	
2.1	施工供电	总价承包
2.2	施工供水	总价承包
2.3	旧建筑物拆除	总价承包
2.4	施工围堰	总价承包
3	专项措施项目	
3.1	环境保护和水土保持专项措施费	总价承包
3.2	安全文明施工专项措施费	总价承包
3.3	保险费	总价承包
3.4	竣工验收及资料整编	总价承包
4	其他措施项目	总价承包

表4 **其他项目清单**

合同编号：SL 2023—0306

工程名称：××水闸工程 第1页、共1页

序号	项目名称	金额/元	备注
1	预留金	200000	按固定额计划

表 5　　零星工作项目清单

合同编号：SL 2023—0306

工程名称：××水闸工程　　　　第 1 页、共 1 页

序号	名　称	型号规格	计量单位	备　注
1	人工			
1.1	工长		工时	
1.2	高级工		工时	
1.3	中级工		工时	
1.4	初级工		工时	
2	材料			
2.1	水泥	P·O 42.5	t	
2.2	钢筋	综合	t	
2.3	柴油	0 号	t	
2.4	乳化炸药		t	
3	机械			
3.1	推土机	74kW	台时	

表 6　　招标人供应材料价格表

合同编号：SL 2023—0306

工程名称：××水闸工程　　第 1 页、共 1 页

序号	材料名称	型号规格	计量单位	供应价/元	供应条件	备注
1	柴油	0 号	t	3500.00	××油库	
2	炸药					
2.1	乳化炸药		t	4000.00	××炸药库	
3	钢材					
3.1	钢筋	综合	t	3000.00	××工地现场	
3.2	钢绞线	1860MPa	t	5000.00	××工地现场	
4	水泥				承包人仓库	不计运杂费、采保费
4.1	水泥	P·O 42.5	t	280.00		
4.2	水泥	P·MH42.5	t	300.00		
5	施工用电		kW·h	0.30	场内指定 10kV 线路终端杆	

表 7 **招标人提供施工设施表**

合同编号：SL 2023—0306

工程名称：××水闸工程 第 1 页、共 1 页

序号	项目名称	计量单位	数量	备注
1	施工营地房屋	m^2	1000	

2.9.6　工程量清单格式

组别		姓名	

______________________________工程

工 程 量 清 单

合同编号：（招标项目合同号）

招　标　人：______________________________（单位盖章）

招 标 单 位
法定代表人：______________________________（签字盖章）

中 介 机 构
法定代表人：______________________________（签字盖章）

造价工程师
及注册证号：______________________________（签字盖执业专用章）

编 制 时 间：______________________________

表 1 **总 说 明**

合同编号：（招标项目合同号）

工程名称：（招标项目名称） 第 页、共 页

表 2　　　　**分类分项工程量清单**

合同编号：（招标项目合同号）

工程名称：（招标项目名称）　　　　第　页、共　页

序号	项目编码	项目名称	计量单位	工程数量	主要技术条款编码	备注

表 2　　　　　　　　　　分类分项工程量清单(续页)

合同编号：(招标项目合同号)

工程名称：(招标项目名称)　　　　　　　　　　　　　　　　　　　　第　页、共　页

序号	项目编码	项目名称	计量单位	工程数量	主要技术条款编码	备注

表 3　　　　　　　　　　　　**措 施 项 目 清 单**

合同编号：（招标项目合同号）

工程名称：（招标项目名称）　　　　　　　　　　　　　　　　　　第　页、共　页

序号	项 目 名 称	备 注

表 4　　**其 他 项 目 清 单**

合同编号：（招标项目合同号）

工程名称：（招标项目名称）　　第　页、共　页

序号	项　目　名　称	金额/元	备　注

表 5　　　　**零星工作项目清单**

合同编号：（招标项目合同号）

工程名称：（招标项目名称）　　　　第　页、共　页

序号	名　称	型号规格	计量单位	备注
1	人工			
2	材料			
3	机械			

表6 **招标人供应材料价格表**

合同编号：（招标项目合同号）

工程名称：（招标项目名称） 第 页、共 页

序号	材料名称	型号规格	计量单位	供应价/元	供应条件	备注

表 7　　　　　　　　**招标人提供施工设备表（参考格式）**

合同编号：（招标项目合同号）

工程名称：（招标项目名称）　　　　　　　　　　　　　　　　第　页、共　页

序号	设备名称	型号规格	设备状况	设备所在地点	计量单位	数量	折旧费	备注
							元/台时（台班）	

表 8　　招标人提供施工设施表(参考格式)

合同编号：(招标项目合同号)

工程名称：(招标项目名称)　　　　第　页、共　页

序号	项目名称	计量单位	数量	备　注

工作任务3

工程量清单计价

3.1 工 作 任 务

根据某水利工程施工工程量清单，按照《水利工程工程量清单计价规范》(GB 50501—2007) 编制该水利工程的工程量报价文件。

3.2 工 作 目 标

(1) 掌握投标文件的基本组成。
(2) 了解投标文件的主要内容。
(3) 能够编制水利工程工程量清单报价。
(4) 了解投标策略和技巧。

3.3 任 务 分 组

按照表3.1填写任务分组表。

表3.1 **学生任务分组表**

班级		组号		指导老师	
组长		学号			
组员					
任务分工					

3.4 获 取 信 息

引导问题1：投标文件的基本组成？

引导问题2：水利工程投标文件编制要点？

【小贴士】思政案例

三峡工程的三峡大坝和电站厂房二期工程土建与安装投标文件编制属于世界级的。由武警水电部队、青云水电联营公司（四局、十四局）、三七八联营体、中水一局、广元水利水电"五六闽"联营体、葛洲坝集团六家投标人编制的六套标书能够进入吉尼斯世界纪录，堪称世界第一标。这些标书浸透着800多名中国水电专家的心血，编制标书花费的费用达到1500万元，其中包括数千张精密图表、1万多个分项报价，6套标书以吨为单位计算，是中国水电行业向世界发出的技术冲锋。

葛洲坝中标承建泄洪坝段及左岸厂房坝段11～14号坝段工程、宜昌青云公司联营体中标承建左岸厂房坝段、三七八联营体中标承建左岸电站厂房。

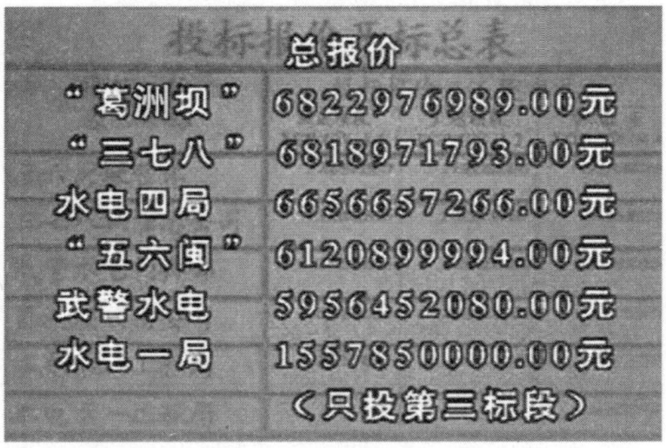

引导问题3：工程量清单报价参考的规范是什么？具体编制内容是什么？

引导问题4：根据《水利工程工程量清单计价规范》（GB 50501—2007），清单计价需要做到哪些"一致"？

3.5 工 作 计 划

按照收集的信息分小组讨论，制订编制水闸工程量清单报价的计划。利用流程图画工作计划图。

3.6 进 度 决 策

由教师带领学生，对编制工程量清单报价的任务实施方案进行确定，为任务实施做好准备。

3.7 任 务 实 施

按照制订的计划，有步骤地完成工程量清单报价编制。

【步骤 1】填写分类分项工程量清单计价表

【步骤 2】填写措施项目清单计价表

【步骤 3】填写其他项目清单计价表

【步骤 4】填写计日工项目计价表

【步骤5】填写工程项目总价表

【步骤6】填写封面投标总价，汇总形成工程量清单报价文件

3.8 评价反馈

评价包括学生自评（占50%）和教师评价（占50%）两部分，学生自评表和教师评价表见表3.2和表3.3。

表3.2　学生自评表

班级		姓名		学号	
工作任务3	工程量清单计价				
评价项目	评价标准			分值	得分
①清单计价	熟练掌握清单计价表填写方法			40	
②投标文件	熟练掌握投标文件的组成和主要内容			20	
③施工组织	了解施工组织编制程序和方法			20	
④投标策略	了解投标策略和技巧			20	
	合计			100	

表3.3　教师评价表

班级		姓名		学号	
工作任务3	工程量清单计价				
评价项目	评价标准			分值	得分
①平时表现	出勤、课堂表现			40	
②成果评价	生成工程量清单计价文件			30	
③小组表现	团队合作完成任务			30	
	合计			100	

3.9 相关知识点

3.9.1 投标文件编制依据

(1)《水利水电工程标准施工招标文件(2009年版)》。

(2)《水利工程工程量清单计价规范》(GB 50501—2007)。

3.9.2 投标文件的组成

根据《水利水电工程标准施工招标文件(2009年版)》,投标文件主要由11部分组成,包含:①投标函及投标函附录;②法定代表人身份证明/授权委托书;③联合体协议书;④投标保证金;⑤已标价工程量清单;⑥施工组织设计;⑦项目管理机构表;⑧拟分包项目情况表;⑨资格审查资料;⑩原件的复印件;⑪其他材料。

其中,已标价工程量清单和施工组织设计是投标文件非常重要的组成部分。

投标人编制施工组织设计时应采用文字并结合图表形式说明工程的施工组织、施工方法、技术组织措施,同时应对关键工序、复杂环节重点提出相应技术措施,如冬雨季施工技术、减少噪声、降低环境污染、地下管线及其他地上地下设施的保护加固措施等。施工组织设计还应结合工程特点提出切实可行的工程质量、工程进度、安全生产、防汛度汛、文明施工、水土保持、环境保护管理方案。

对于施工组织设计来说,可以简单概括为"一图,一案,一表":一图是施工场地布置图,一案是施工方案,一表是进度计划表。

3.9.3 水利工程工程量清单报价表组成

工程量清单报价表由以下表格组成:

(1)投标总价。

(2)工程项目总价表。

(3)分类分项工程量清单计价表。

(4)措施项目清单计价表。

(5)其他项目清单计价表。

(6)计日工项目计价表。

(7)工程单价汇总表。

(8)工程单价费(税)率汇总表。

(9)投标人生产电、风、水、砂石基础单价汇总表。

(10)投标人生产混凝土配合比材料费表。

(11)招标人供应材料价格汇总表(若招标人提供)。

(12)投标人自行采购主要材料预算价格汇总表。

(13)招标人提供施工机械台时(班)费汇总表(若招标人提供)。

(14)投标人自备施工机械台时(班)费汇总表。

(15)总价项目分类分项工程分解表。

（16）工程单价计算表。

（17）人工费单价汇总表。

3.9.4 水利工程工程量清单计价编制要求

工程量清单计价应包括按招标文件规定完成工程量清单所列项目的全部费用，包括分类分项工程费、措施项目费和其他项目费。

分类分项工程量清单计价应采用工程单价计价。分类分项工程量清单的工程单价，应根据《水利工程工程量清单计价规范》（GB 50501—2007）规定的工程单价组成内容，按招标设计文件、图纸、附录 A 和附录 B 中的“主要工作内容”确定，除另有规定外，对有效工程量以外的超挖、超填工程量，施工附加量，加工、运输损耗量等所消耗的人工、材料和机械费用，均应摊入相应有效工程量的工程单价之内。

措施项目清单的金额，应根据招标文件的要求以及工程的施工方案或施工组织设计，以每一项措施项目为单位，按项计价。

其他项目清单由招标人按估算金额确定。

零星工作项目清单的单价由投标人确定。

按照招标文件的规定，根据招标项目涵盖的内容，投标人一般应编制以下基础单价，作为编制分类分项工程单价的依据。

（1）人工费单价。

（2）主要材料预算价格。

（3）电、风、水单价。

（4）砂石料单价。

（5）块石、料石单价。

（6）混凝土配合比材料费。

（7）施工机械台时（班）费。

招标工程如设标底，标底应根据招标文件中的工程量清单和有关要求、施工现场情况、合理的施工方案、工程单价组成内容、社会平均生产力水平、按市场价格进行编制。

投标报价应根据招标文件中的工程量清单和有关要求、施工现场情况，以及拟定的施工方案，依据企业定额，按市场价格进行编制。

工程量清单的合同结算工程量，除另有约定外，应按《水利工程工程量清单计价规范》（GB 50501—2007）及合同文件约定的有效工程量进行计算。合同履行过程中需要变更工程单价时，按本规范和合同约定的变更处理程序办理。

3.9.5 工程量清单报价表填写规定（注意七个“一致”）

（1）除招标文件另有规定外，投标人不得随意增加、删除或涂改招标文件工程量清单中的任何内容。工程量清单中列明的所有需要填写的单价和合价，投标人均应填写；未填写的单价和合价，视为已包括在工程量清单的其他单价和合价中。

（2）工程量清单中的工程单价是完成工程量清单中一个质量合格的规定计量单位项目所需的直接费（包括人工费、材料费、机械使用费和季节、夜间、高原、风沙等原因增加的直接费）、施工管理费、企业利润和税金，并考虑到风险因素。投标人应根据规定的工程单价组成内容，按招标文件和《水利工程工程量清单计价规范》（GB 50501—2007）的“主要工作内容”确定工程单价。除另有规定外，对有效工程量以外的超挖、超填工程量，施工附加量，加工、运输损耗量等，所消耗的人工、材料和机械费用，均应摊人相应有效工程量的工程单价内。

（3）投标金额（价格）均应以人民币表示。

（4）投标总价应按工程项目总价表合计金额填写。

（5）工程项目总价表中一级项目名称按招标文件工程项目总价表中的相应名称填写，并按分类分项工程量清单计价表中相应项目合计金额填写。

（6）分类分项工程量清单计价表中的序号、项目编码、项目名称、计量单位、工程数量和合同技术条款章节号，按招标文件分类分项工程量清单计价表中的相应内容填写，并填写相应项目的单价和合价。

（7）措施项目清单计价表中的序号、项目名称按招标文件措施项目清单计价表中的相应内容填写，并填写相应措施项目的金额和合计金额。

（8）其他项目清单计价表中的序号、项目名称、金额，按招标文件其他项目清单计价表中的相应内容填写。

（9）计日工项目计价表的序号、人工、材料、机械的名称、型号规格以及计量单位，按招标文件计日工项目计价表中的相应内容填写，并填写相应项目单价。

（10）工程单价汇总表，按工程单价计算表中的相应内容、价格（费率）填写。

（11）工程单价费（税）率汇总表，按工程单价计算表中的相应内容、费（税）率填写。

（12）投标人生产电、风、水、砂石基础单价汇总表，按基础单价分析计算成果的相应内容、价格填写，并附相应基础单价的分析计算书。

（13）投标人生产混凝土配合比材料费表，按表中工程部位、混凝土强度等级（附抗渗、抗冻等级）、水泥强度等级、级配、水灰比、相应材料用量和单价填写，填写的单价必须与工程单价计算表中采用的相应混凝土材料单价一致。

（14）招标人供应材料价格汇总表，按招标人供应的材料名称、型号规格、计量单位和供应价填写，并填写经分析计算后的相应材料预算价格，填写的预算价格必须与工程单价计算表中采用的相应材料预算价格一致（若招标人提供）。

（15）投标人自行采购主要材料预算价格汇总表，按表中的序号、材料名称、型号规格、计量单位和预算价填写，填写的预算价必须与工程单价计算表中采用的相应材料预算价格一致。

（16）招标人提供施工机械台时（班）费汇总表，按招标人提供的机械名称、型号规格和招标人收取的台时（班）折旧费填写；投标人填写的台时（班）费用合计金额必须与工程单价计算表中相应的施工机械台时（班）费单价一致（若招标人提供）。

（17）投标人自备施工机械台时（台班）费汇总表，按表中的序号、机械名称、型号规格、一类费用和二类费用填写，填写的台时（台班）费合计金额必须与工程单价计算表中相应的施工机械台时（台班）费单价一致。

（18）投标人应参照分类分项工程量清单计价表格式编制总价项目分类分项工程分解表，每个总价项目分类分项工程一份。

（19）投标金额大于或等于投标总标价万分之五的工程项目，必须编报工程单价计算表。工程单价计算表，按表中的施工方法、序号、名称、型号规格、计量单位、数量、单价、合价填写，填写的人工、材料和机械等基础价格，必须与人工费价汇总表、基础材料单价汇总表、主要材料预算价格汇总表及施工机械台时（台班）费汇总表中的单价相一致，填写的施工管理费、企业利润和税金等费（税）率必须与工程单价费（税）率汇总表中的费（税）率相一致。

（20）人工费单价相应的人工费单价计算表。汇总表应按人工费单价计算表的内容、价格填写，并附相应的人工费单价计算表。

3.9.6 工程量清单分组计价格式

根据规范《水利水电工程施工合同和招标文件示范文本》（GF－2000－0208）工程量清单报价表由以下表格组成：

（1）投标总价。

（2）工程项目总价表。

（3）分组工程量清单报价表。

（4）计日工项目报价表。

（5）工程单价汇总表。

（6）工程单价费（税）率汇总表。

（7）投标人生产电、风、水、砂石基础单价汇总表。

（8）投标人生产混凝土配合比材料费表。

（9）招标人供应材料价格汇总表（若招标人提供）。

（10）投标人自行采购主要材料预算价格汇总表。

（11）招标人提供施工机械台时（台班）费汇总表（若招标人提供）。

（12）投标人自备施工机械台时（台班）费汇总表。

（13）总价项目分解表。

（14）工程单价计算表。

（15）人工费单价汇总表。

3.9.7 工程量清单报价案例

投标文件中已标价工程量清单是非常重要的报价文件，下面是南水北调某施工标段的投标文件已标价工程量清单部分内容，仅供参考。

1 投 标 总 价

工 程 名 称：南水北调中线一期工程总干××标段

合 同 编 号：HNJ-2010/NY/SG-004

投标总价(小写)：220597959

(大写)：贰亿贰仟零伍拾玖万柒仟玖佰伍拾玖

投 标 人：中国水利水电第×××工程局 (单位盖章)

法 定 代 表 人
(或委托代理人)：××× (签字盖章)

编 制 时 间：2010-11-08

2 工程项目总价表

合同编号：HNJ－2010/NY/SG－004

工程名称：南水北调中线一期工程总干渠陶岔—沙河南（委托建管项目）南阳段

序号	工程项目名称	金额/元
一	分类分项工程	207195460
1	建筑工程	206941335
2	水力机械设备工程	254125
二	措施项目	11345888
三	其他措施项目	2056611
	合　　计	220597959

3　分类分项工程量清单计价表

合同编号：HNJ-2010/NY/SG-004

工程名称：南水北调中线一期工程总干渠陶岔—沙河南（委托建管项目）南阳段

序号	项目编码	项目名称	单位	工程数量	单价/元	合价/元	备注
1		建筑工程				206941335	
1.1		渠道工程				123822163	
1.1.1		渠道土石方工程				81152693	
1.1.1.1	50010103001	表土清除	m^3	297450	12.53	3727049	
1.1.1.2	50010103002	土方开挖	m^3	832144	11.79	9810978	
1.1.1.3	50010103003	硬岩开挖	m^3	62916	43.95	2765158	
1.1.1.4	50010103004	换土挖方	m^3	260570	12.73	3317056	
1.1.1.5	500103001001	土方填筑	m^3	824940	13.91	11474915	
1.1.1.6	500103001002	改性土换土填筑	m^3	143313.5	88.33	12658881	
1.1.1.7	500103001003	非膨胀土换土填筑	m^3	117256.5	62.04	7274593	
1.1.1.8	500103001004	水泥改性土填筑	m^3	341040	88.33	30124063	
1.1.2		渠道衬砌工程				27502374	
1.1.2.1	500109001001	C20W6F150 渠坡混凝土衬砌	m^3	27025	443.90	11996398	
1.1.2.2	500109001002	C20W6F150 渠底混凝土衬砌	m^3	9752	417.26	4069120	
1.1.2.3	500109001003	C20W6F150 封顶板混凝土	m^3	458	403.66	184876	
1.1.2.4	500109001004	C20W6F150 坡脚齿墙混凝土	m^3	5755	372.05	2141148	
1.1.2.5	500109001005	C20W6F150 下渠台阶混凝土	m^3	121	445.20	53869	
1.1.2.6	500114001001	密封胶填缝	m^3	46.55	48120.40	2240005	
1.1.2.7	500114001002	聚乙烯闭孔泡沫板	m^2	11697.8	22.60	264370	
1.1.2.8	500103014001	复合土工膜（两布一膜，576g/m^2）	m^2	427994	15.31	6552588	
	……						

4 措施项目清单计价表

合同编号：HNJ-2010/NY/SG-004

工程名称：南水北调中线一期工程总干渠陶岔—沙河南（委托建管项目）南阳段

序号	项目名称	金额/元	备注
1	临时工程	6139541	
1.1	施工导流工程	851100	总价承包
1.2	施工交通	1769421	总价承包
1.3	施工供电系统	1109520	总价承包
1.4	施工供水系统	151000	总价承包
1.5	施工通信系统	35000	总价承包
1.6	混凝土系统	416000	总价承包
1.7	仓库	434600	总价承包
1.8	办公及生活福利房屋	1122900	
1.8.1	监理及其他有关单位用房	42000	总价承包
1.8.2	施工办公及生活福利房屋	1080900	总价承包
1.9	其他施工临时工程	250000	总价承包
2	施工期环境保护	377010	总价承包
3	安全与文明施工措施费	350000	总价承包
4	质量、进度、安全、文明措施费	4370837	不低于分类分项工程量清单报价与措施项目费用中临时工程报价之和的2%，其中0.9%用于激励考核，发包人控制使用
5	施工期安全监测	108500	总价承包
	合　　计	11345888	

5 其他项目清单计价表

合同编号：HNJ－2010/NY/SG－004

工程名称：南水北调中线一期工程总干渠陶岔—沙河南（委托建管项目）南阳段

序号	项 目 名 称	金额/元	备注
1	施工控制网基准点施测费	337000	
2	施工区围挡费	1719611	暂定金额
	合 计	2056611	

6 计日工项目计价表

合同编号：HNJ-2010/NY/SG-004

工程名称：南水北调中线一期工程总干渠陶岔—沙河南（委托建管项目）南阳段

序号	名称	型号规格	计量单位	单价/元	备注
1	人工				
	工长		工时	10.80	
	高级工		工时	10.12	
	中级工		工时	8.74	
	初级工		工时	4.64	
2	材料				
	水泥	42.5	t	459.00	
	水泥	52.5	t	533.25	
	柴油	0号	t	9450.00	
	汽油	90号	t	11772.00	
	块石		m^3	62.10	
	碎石		m^3	60.75	
	钢筋	综合	t	5832.00	
	密封胶		m^3	43065.00	
	砂子	垫层用砂	m^3	70.20	
	砂子	混凝土骨料用砂	m^3	78.30	
	土工膜	两布一膜，576g/m^2	m^2	14.31	
3	机械				
	单斗挖掘机	1.0m^3 液压	台时	242.15	
	单斗挖掘机	2.0m^3 液压	台时	405.68	
	装载机	3.0m^3	台时	352.49	
	推土机	74kW	台时	171.94	
	推土机	103kW	台时	248.32	
	……				

7 工程单价汇总表

合同编号：HNJ-2010/NY/SG-004

工程名称：南水北调中线一期工程总干渠陶岔—沙河南（委托建管项目）南阳段

序号	项目编码	项目名称	计量单位	人工费	材料费	机械使用费	施工管理费	企业利润	其他	税金	合计
1		建筑工程									
1.1		渠道工程									
1.1.1		渠道土石方工程									
1.1.1.1	50010103001	表土清除	m^3	0.09	0.20	9.93	1.10	0.79	0.02	0.39	12.53
1.1.1.2	50010103002	土方开挖	m^3	0.09	0.19	9.34	1.03	0.75	0.02	0.37	11.79
1.1.1.3	50010103003	硬岩开挖	m^3	1.99	9.96	22.58	5.18	2.78	0.09	1.37	43.95
1.1.1.4	50010103004	换土挖方	m^3	0.09	0.40	9.90	1.12	0.81	0.02	0.40	12.73
1.1.1.5	500103001001	土方填筑	m^3	0.60	0.22	10.53	1.22	0.88	0.03	0.43	13.91
1.1.1.6	500103001002	改性土换土填筑	m^3	5.52	30.03	36.51	7.75	5.59	0.17	2.76	88.33
1.1.1.7	500103001003	非膨胀土换土填筑	m^3	0.60	0.99	49.02	5.45	3.92	0.12	1.94	62.04
1.1.1.8	500103001004	水泥改性土填筑	m^3	5.52	30.03	36.51	7.75	5.59	0.17	2.76	88.33
1.1.2		渠道衬砌工程									
1.1.2.1	500109001001	C20W6F150渠坡混凝土衬砌	m^3	26.53	184.12	144.82	45.64	28.08	0.86	13.85	443.90
1.1.2.2	500109001002	C20W6F150渠底混凝土衬砌	m^3	26.53	184.12	123.49	42.90	26.39	0.81	13.02	417.26
	……										

8 工程单价费(税)率汇总表

合同编号：HNJ-2010/NY/SG-004

工程名称：南水北调中线一期工程总干渠陶岔—沙河南（委托建管项目）南阳段

序号	工程类别	工程单价费（税）率/%			备注
		施工管理费	企业利润	税金	
一	建筑工程				
1	土方工程	10.76	7	3.22	施工管理费以直接费为取费基数
2	石方工程	15.01	7	3.22	施工管理费以直接费为取费基数
3	混凝土工程	12.84	7	3.22	施工管理费以直接费为取费基数
4	模板工程	15.01	7	3.22	施工管理费以直接费为取费基数
5	钻孔灌浆及锚固工程	17.17	7	3.22	施工管理费以直接费为取费基数
6	其他工程	12.88	7	3.22	施工管理费以直接费为取费基数
二	安装工程	95	7	3.22	施工管理费以人工费为取费基数

9 投标人生产电、风、水、砂石基础单价汇总表

合同编号：HNJ-2010/NY/SG-004

工程名称：南水北调中线一期工程总干渠陶岔—沙河南（委托建管项目）南阳段

序号	名称	规格型号	计量单位	人工费	材料费	机械使用费		合计	备注
1	电		kW·h					0.75	
2	风		m^3					0.13	
3	水		m^3					0.53	

10 投标人生产混凝土配合比材料费表

合同编号：HNJ－2010/NY/SG－004

工程名称：南水北调中线一期工程总干渠陶岔—沙河南（委托建管项目）南阳段

序号	工程部位	混凝土强度等级	水泥强度等级	级配	水灰比	预算材料量/(kg/m³)					单价	备注
						水泥	砂	石	水	外加剂		
1	建筑物垫层；植草混凝土	C10	42.5	2	0.75	210.54	882.88	1412.77	176.55		145.55	
2	截流沟、马道路缘石	C15	42.5	1	0.65	273.30	919.53	1252.79	200.09		163.82	
3	防护网基座	C20	42.5	1	0.60	346.04	891.51	1265.26	200.09		187.82	
4	坡面防护、倒虹吸进出口挡墙、通信管道包封	C20	42.5	2	0.60	307.20	816.05	1429.39	176.55		176.30	
5	渠道衬砌	C20W6F150	42.5	2	0.60	307.20	816.05	1429.39	176.55		176.30	
6	倒虹吸进出口挡墙、管身	C25	42.5	2	0.55	340.15	790.17	1435.62	176.55		186.68	
7	桥梁灌注桩	C25	42.5	2	0.55	342.28	690.00	1344.00	176.55		180.95	
8	桥梁预制混凝土附属结构	C30	42.5	1	0.50	415.48	802.03	1298.50	200.09		208.90	
9	桥梁帽梁、墩柱、台身	C30	42.5	2	0.50	364.87	753.52	1442.89	176.55		193.87	
10	桥梁垫石	C40	42.5	1	0.50	513.17	0.50	0.75	0.20		237.00	
11	桥面铺装	C40	42.5	2	0.50	505.00	735.00	1056.00	150.00		229.90	
12	桥梁预应力混凝土上部结构	C50	42.5	2	0.50	487.00	645.00	1264.00	176.55		252.95	

11　投标人自行采购主要材料预算价格汇总表

合同编号：HNJ-2010/NY/SG-004

工程名称：南水北调中线一期工程总干渠陶岔—沙河南（委托建管项目）南阳段

序号	材料名称	规格型号	计量单位	预算价格/元	备注
1	水泥	52.5	t	395.00	
2	钢筋	综合	t	4320.00	
3	砂子	垫层用砂	m^3	52.00	
4	碎石		m^3	45.00	
5	块石		m^3	46.00	
6	柴油		t	7000.00	
7	汽油		t	8720.00	
8	水泥	42.5	t	340.00	
9	土工膜	两布一膜，$576g/m^2$	m^2	10.60	
10	密封胶填缝		m^3	31900.00	
11	聚乙烯闭孔泡沫板	$90kg/m^3$	m^2	17.00	
12	聚乙烯闭孔泡沫板	$120kg/m^3$	m^2	52.00	
13	紫铜片止水	厚1mm，宽50cm	kg	60.00	
14	透水软管	$\Phi250$	m	38.00	
15	砂子	混凝土骨料用砂	m^3	58.00	

12 投标人自备施工机械台时(班)费汇总表

合同编号：HNJ-2010/NY/SG-004

工程名称：南水北调中线一期工程总干渠陶岔—沙河南（委托建管项目）南阳段　　单位：元/台时（班）

序号	机械名称	规格型号	一类费用				二类费用							合计
			折旧费	维修费	安拆费	小计	人工	柴油	电	汽油	风	水	小计	
1	单斗挖掘机	1.0m³ 液压	35.63	25.46	2.18	63.27	11.80	104.30	0.00	0.00	0.00	0.00	116.10	179.37
2	单斗挖掘机	2.0m³ 液压	89.06	54.68	3.56	147.3	11.80	141.40	0.00	0.00	0.00	0.00	153.20	300.50
3	装载机	3.0m³	51.15	38.37	0	89.52	5.68	165.90	0.00	0.00	0.00	0.00	171.58	261.10
4	推土机	59kW	10.8	13.02	0.49	24.31	10.49	58.80	0.00	0.00	0.00	0.00	69.29	93.60
5	推土机	74kW	19	22.81	0.86	42.67	10.49	74.20	0.00	0.00	0.00	0.00	84.69	127.36
6	推土机	88kW	26.72	29.07	1.06	56.85	10.49	88.20	0.00	0.00	0.00	0.00	98.69	155.54
7	凸块振动碾	13～14t	74.35	33.46	0	107.81	11.80	114.10	0.00	0.00	0.00	0.00	125.90	233.71
8	凸块振动碾	20t	84	36.01	0	120.01	11.80	127.40	0.00	0.00	0.00	0.00	139.20	259.21
9	自行式振动碾	18t	80.13	34.35	0	114.48	11.80	104.30	0.00	0.00	0.00	0.00	116.10	230.58
10	拖式斜坡振动碾	10t	17.27	6.91	0	24.18	0.00	59.50	0.00	0.00	0.00	0.00	59.50	83.68
11	蛙式打夯机	2.8kW	0.17	1.01	0	1.18	8.74	0.00	1.88	0.00	0.00	0.00	10.62	11.80
12	刨毛机		13.73	5.89	0	19.62	10.49	51.80	0.00	0.00	0.00	0.00	62.29	81.91
13	渠道衬砌机		510.86	200.13	17.6	728.59	34.96	215.60	46.73	0.00	0.00	0.00	297.29	1025.88
	……													

13 工程单价计算表

表土清除 工程名称

单价编号：1.1.1.1　　　　定额单位：$100m^3$

施工方法：挖装、运输、自卸、空回等。

序号	名　称	规格型号	计量单位	数量	单价/元	合价/元
1	直接费		元			1022.38
1.1	人工费					9.07
	工长		工时		5.40	0.00
	高级工		工时		5.06	0.00
	中级工		工时		4.37	0.00
	初级工		工时	3.91	2.32	9.07
1.2	材料费		元			20.05
	零星材料费		元	2.00%	1002.33	20.05
1.3	机械使用费		元			993.26
	单斗挖掘机	$2.0m^3$ 液压	台时	0.58	300.50	174.29
	推土机	59kW	台时	0.29	93.60	27.14
	自卸汽车	15t	台时	4.66	169.92	791.83
2	施工管理费		元	10.76%	1022.38	110.01
3	企业利润		元	7.00%	1132.39	79.27
4	其他					2.42
5	税金		元	3.22%	1214.08	39.09
	合计		元			1253.17

13 工程单价计算表

土方开挖工程名称

单价编号：1.1.1.2　　　　定额单位：100m³

施工方法：挖装、运输、自卸、空回等。

序号	名称	规格型号	计量单位	数量	单价/元	合价/元
1	直接费		元			961.72
1.1	人工费					9.07
	工长		工时		5.40	0.00
	高级工		工时		5.06	0.00
	中级工		工时		4.37	0.00
	初级工		工时	3.91	2.32	9.07
1.2	材料费		元			18.86
	零星材料费		元	2.00%	942.86	18.86
1.3	机械使用费		元			933.79
	单斗挖掘机	2.0m³ 液压	台时	0.58	300.50	174.29
	推土机	59kW	台时	0.29	93.60	27.14
	自卸汽车	15t	台时	4.31	169.92	732.36
2	施工管理费		元	10.76%	961.72	103.48
3	企业利润		元	7.00%	1065.20	74.56
4	其他					2.28
5	税金		元	3.22%	1142.04	36.77
	合计		元			1178.81

14 人工费单价汇总表

合同编号：HNJ－2010/NY/SG－004

工程名称：南水北调中线一期工程总干渠陶岔—沙河南（委托建管项目）南阳段

序号	工 种	单位	单价/元	备注
1	工长	工时	5.40	
2	高级工	工时	5.06	
3	中级工	工时	4.37	
4	初级工	工时	2.32	

3.9.8 工程量清单报价工程案例

工程背景：某地新建一水库，其库容为3亿m^3，土石坝坝高75m。批准项目概算中的土坝工程概算为1亿元。

事件1：土坝工程施工招标工作实际完成情况见表3.4。

表3.4 土坝工程施工招标工作实际完成情况

工作序号	(一)	(二)	(三)	(四)	(五)
时间	2006.5.25	2006.6.5—9	2006.6.10	2006.6.11	2006.6.27
工作内容	在《中国采购与招标网》上发布招标公告	发售招标文件，投标人A、B、C、D、E购买了招标文件	仅组织投标人A、B、C踏勘现场	电话通知删除招标文件中坝前护坡内容	上午9：00投标截止。上午10：00组织开标，投标人A、B、C、D、E参加

事件2：由于石材短缺，为满足工期的需要，监理人指示承包人将护坡形式由砌石变更为混凝土砌块，按照合同约定，双方依据现行水利工程概（估）算编制管理规定编制了混凝土砌块单价，单价中人工费、材料费、机械使用费分别为10元/m^3、389元/m^3、1元/m^3。受混凝土砌块生产安装工艺限制，承包人无力完成，发包人向承包人推荐了专业化生产安装企业A作为分包人。

事件3：某招标代理机构组织了此次招标工作。在招标文件审查会上，专家甲、乙、丙、丁、戊分别提出了如下建议：

甲：为了防止投标人哄抬报价，建议招标文件规定投标报价超过标底5%的为废标。

乙：投标人资格应与工程规模相匹配，建议招标文件规定投标报价超过注册资本金5倍的为废标。

丙：开标是招标工作的重要环节，建议招标文件规定投标人的法定代表人或委托代理人不参加开标会的，招标人可宣布其弃权。

丁：招标由招标人负责，建议招标文件规定评标委员会主任由招标人代表担任，且评标委员会主任在投标人得分中所占权重为20%，其他成员合计占80%。

戊：地方政府实施的征地移民工作进度难以控制，建议招标文件专用合同条款中规定，由于地方政府的原因未能及时提供施工现场的，招标人不承担违约责任。

事件4：招标文件按《水利水电工程标准施工招标文件（2009年版）》编制，其中关于投标人资格要求的部分内容如下：

(1) 投标人项目经理须持有一级建造师职业资格证书和安全生产考核合格证书的人员担任，并具有类似项目业绩。

(2) 投标人注册资本金应不低于投标报价的10%。

(3) 水利建设市场主体信用等级为诚信。

事件5：投标人A编制的该标段投标文件正本1份，副本3份。正本除封面、封底、目录和分隔页外的其他页，均只加盖了单位章并由法定代表人的委托代理人签字。

事件6：投标人B中标，并与招标人签订了施工合同。其中，工程项目总价表内容见表3.5。

表 3.5 工程项目总价表

序号	项目编码	工程项目名称	金额/万元	备注
一		分类分项工程	A	
1.1		土方开挖工程	200	
1.1.1	500101002001	一般土方开挖	200	
1.2		石方开挖工程	150	
1.3		砌筑工程	15	
1.4		锚喷支护工程	70	
1.5		钻孔灌浆工程	100	
1.6		混凝土工程	4000	
1.7		钢筋加工及安装工程	40	
1.8		其他建筑工程	200	
二		措施项目	500	
三		其他项目	C	
3.1		暂列金额	B	取一与二之和的5%
3.2		管理房装饰装修工程	210	暂估价
四		总价	D	

事件7：依据水利部现行定额及编制规定，某投标人编制了排架C25混凝土单价分析表见表3.6。

表 3.6 排架C25混凝土单价分析表 单位：100m^3

序号	项目或费用名称	型号规格	计量单位	数量	单价/元	合价/元
1	直接费					34099.68
1.1	人工费					1259.34
(1)	A		工时	11.70	4.91	57.45
(2)	高级工		工时	15.50	4.56	70.68
(3)	中级工		工时	209.70	3.87	811.54
(4)	初级工		工时	151.50	2.11	319.67
1.2	材料费					28926.14
(1)	混凝土	B	m^3	103.00	274.82	28306.46
(2)	水		m^3	70.00	0.75	52.50
(3)	其他材料费		%	2.00	28358.96	567.18
1.3	机械使用费					2253.84
(1)	振动器	1.1kW	台时	20.00	22.60	452.00
(2)	变频机组	8.5kW·h	台时	10.00	17.20	172.00
(3)	风水枪		台时	50.04	25.70	1286.03
(4)	其他机械费		%	18.00	1910.03	343.81

续表

序号	项目或费用名称	型号规格	计量单位	数量	单价/元	合价/元
1.4	C		m^3	103		1361.66
1.5	D		m^3	103		289.70
2	施工管理费		%	5	34099.68	1704.98
3	企业利润		%	7	35804.66	2506.33
4	税金		%	3.22	38310.99	1233.61
	合计					39544.60

【问题】

1. 根据建筑业企业资质等级标准的有关规定，除水利水电工程施工总承包特级外，满足本工程坝体施工要求的企业资质等级还有哪些？

2. 请指出事件1土坝工程施工招标实际工作中不符合现行水利工程招标投标有关规定之处，并提出正确做法。

3. 事件2，若其他直接费费率取2%，现场经费费率取6%，间接费费率取6%，企业利润率取7%，计算背景材料中每立方米混凝土砌块单价中的其他直接费、现场经费、间接费、企业利润。(保留两位小数)

4. 事件1，施工标招标工作计划中，招标人可以不开展哪些工作？确定中标人后，招标人还需执行的招标程序有哪些？

5. 事件3，专家甲、乙、丙、丁、戊分别提出建议，哪些专家的建议不可采纳？并说明理由。

6. 请指出并改正已列出的投标人资格要求的不妥之处。符合投标人资格要求的水利建设市场主体信用级别有哪些？

7. 事件5，根据《水利水电工程标准施工招标文件（2009年版）》，请指出投标人甲的投标文件在签字盖章和份数方面的不妥之处，并改正。

8. 事件6，工程项目总价表中项目编码“500101002001”各部分所代表的含义是什么？除人工外，零星工作项目计价表包含的项目名称还有哪些？

9. 事件6，请计算工程项目总价表中A、B、C、D所代表的金额。

10. 事件7，请指出排架C25混凝土单价分析表中A、B、C、D所代表的名称（或型号规格）。

【答案】

1. 满足本工程坝体施工要求的企业资质：水利水电工程施工总承包一级和水工大坝工程专业承包一级。

2. 事件1不符合相关规定的问题如下：

（1）违反《中华人民共和国招标投标法》《中华人民共和国招标投标实施条例》相关规定。该水库属于大型工程，施工招标公告还应在《中国水利报》上同时发布。

（2）违反规定。招标人不得单独或者分别组织任何一个投标人进行现场踏勘。

（3）违反规定。招标人对招标文件的修改应当以书面形式。

(4) 违反规定。投标截止时间与开标时间应相同。

3. 事件 2 中每立方米混凝土砌块单价为其他直接费：(10+389+1)×2%=8 (元/m^3)

现场经费：(10+389+1)×6%=24 (元/m^3)

间接费：(10+389+1+8+24)×6%=25.92 (元/m^3)

或 (10+389+1)×(1+2%+6%)×6%=25.92 (元/m^3)

企业利润：(10+389+1+8+24+25.92)×7%=32.05 (元/m^3)

或 (10+389+1)×(1+2%+6%)×(1+6%)×7%=32.05 (元/m^3)

4. 事件 1 中招标人可以不开展的工作有：现场踏勘、投标预备会。确定中标人之后，还需开展的招标程序有：①向水行政主管部门提交招标投标情况的书面总结报告(或备案报告)；②发中标通知书，并将中标结果通知所有投标人；③进行合同谈判并与中标人订立书面合同。

5. 事件 3 中专家甲、丁、戊的建议不可以采纳。理由如下：

(1) 标底不能作为废标的直接依据。

(2) 评标委员会主任与评标委员会其他成员权利相同。

(3) 提供施工用地是发包人的义务和责任。

6. 投标人资格要求不妥之处如下：

(1) 持有一级建造师执业资格证书不妥，没有专业要求。改正：持有一级建造师(水利水电专业) 执业资格证书。

(2) 对安全生产考核合格证书有效性不做要求，投标人注册资本金应不低于投标报价的 10%。改正：将“安全生产考核合格证书”改为：“有效的安全生产考核合格证书”，将“投标人注册资本金应不低于投标报价的 10%”改为：“投标人注册资本金应不低于投标报价的 20%”。

符合投标人资格要求的水利建设市场主体信用级别有：AAA 级，AA 级，A 级。(说明：题意要求为诚信，其包括上述三个级别。)

7. 事件 5 中投标人甲的投标文件在签字盖章和份数方面的不妥之处如下：

(1) 签字盖章不完整，已标价工程量清单还需要注册水利造价工程师加盖执业印章。

(2) 副本数量不够，副本应为 4 份。

8. 事件 6 工程项目总价表中项目编码“500101002001”各部分所代表的含义如下：

一、二位为水利工程顺序码，三、四位为专业工程顺序码 (或建筑工程)，五、六位为分类工程顺序码 (或土方开挖工程)，七、八位为分项工程顺序码 (或一般土方开挖)，十至十二位为清单项目名称顺序码。

除人工外，零星工作项目计价表包含的项目有：材料、机械。

9. 事件 6 工程项目总价表中 A、B、C、D 金额：

A 为 4775 万元，B 为 263.75 万元，C 为 473.75 万元，D 为 5748.75 万元。

10. 事件 7 排架 C25 混凝土单价分析表 A、B、C、D：

A 代表工长，B 代表 C25 混凝土，C 代表混凝土拌和，D 代表混凝土运输。

工程量清单报价文件格式如下。

组别		学号	

投　标　总　价

__________（工程名称）__________（标段名称）

合同编号：____________________________________

投标总价人民币（大写）：____________________元

（¥）：____________________元

工程项目总价表

合同编号：
工程名称：

序号	工程项目名称	金额/元
一	分类分项工程	
二	措施项目	
三	其他措施项目	
	合　　计	

分类分项工程量清单计价表

合同编号：

工程名称：

序号	项目编码	项目名称	计量单位	工程数量	单价/元	合价/元	备注

分类分项工程量清单计价表

合同编号：

工程名称：

序号	项目编码	项目名称	计量单位	工程数量	单价/元	合价/元	备注

措施项目清单计价表

合同编号：

工程名称：

序号	项　目　名　称	金额/元	备　注

其他项目清单计价表

合同编号：

工程名称：

序号	项　目　名　称	金额/元	备　注
	合　　计		

计日工项目计价表

合同编号：

工程名称：

序号	名称	型号规格	计量单位	单价/元	备注
1	人工				
2	材料				
3	机械				

工程单价汇总表

合同编号：

工程名称：

序号	项目编码	项目名称	计量单位	人工费	材料费	机械使用费	其他直接费	间接费	企业利润	税金	合计
1		建筑工程									
2		安装工程									

工程单价费(税)率汇总表

合同编号：

工程名称：

序号	工程类别	工程单价费（税）率/%				备注
		其他直接费	间接费	企业利润	税金	
一	建筑工程					
二	安装工程					

投标人生产电、风、水、砂石基础单价汇总表

合同编号：

工程名称：

序号	名　称	规格型号	计量单位	人工费	材料费	机械使用费				合计	备注

投标人生产混凝土配合比材料费表

合同编号：

工程名称：

序号	工程部位	混凝土强度等级	水泥强度等级	级配	水灰比	预算材料量/(kg/m³)					单价	备注
						水泥	砂	石				

投标人自行采购主要材料预算价格汇总表

合同编号：

工程名称：

序号	材料名称	规格型号	计量单位	预算价格/元	备注

投标人自备施工机械台时(班)费汇总表

合同编号：

工程名称：　　　　　　　　　　　　　　　　　　　　　　　　　　　　单位：元/台时（台班）

序号	机械名称	规格型号	一类费用				二类费用							合计
			折旧费	维修费	安拆费	小计	人工	柴油	电				小计	

总价项目分解表

合同编号：

工程名称：

序号	项目编码	项目名称	计量单位	工程数量	单价/元	合价/元	说明

工程单价计算表-1

______________项目名称

单价编号：　　　　　　　　　　　　　　　　　　　　　　　　　　　　　定额单位：

施工方法：

序号	名　称	规格型号	计量单位	数量	单价/元	合价/元
1	直接费					
1.1	基本直接费					
1.1.1	人工费					
1.1.2	材料费					
1.1.3	机械使用费					
1.2	其他直接费					
2	间接费					
3	企业利润					
4	其他					
5	税金					
	合计					

工程单价计算表-2

____________项目名称

单价编号： 定额单位：

施工方法：

序号	名　称	规格型号	计量单位	数量	单价/元	合价/元

工程单价计算表-3

__________项目名称

单价编号：　　　　　　　　　　　　　　　　　　　　　　　　　　　　　定额单位：

施工方法：

序号	名　称	规格型号	计量单位	数量	单价/元	合价/元

工程单价计算表-4

______________项目名称

单价编号：　　　　　　　　　　　　　　　　　　　　　　定额单位：

施工方法：

序号	名　称	规格型号	计量单位	数量	单价/元	合价/元

工程单价计算表-5

______________项目名称

单价编号：　　　　　　　　　　　　　　　　　　　　　　　　定额单位：

施工方法：

序号	名　称	规格型号	计量单位	数量	单价/元	合价/元

工程单价计算表-6

______项目名称

单价编号： 定额单位：

施工方法：

序号	名　称	规格型号	计量单位	数量	单价/元	合价/元

工程单价计算表-7

__________项目名称

单价编号：　　　　　　　　　　　　　　　　　　　　　　　　定额单位：

施工方法：

序号	名　称	规格型号	计量单位	数量	单价/元	合价/元

工程单价计算表-8

______项目名称

单价编号：　　　　　　　　　　　　　　　　　　　　　　　　定额单位：

施工方法：

序号	名　称	规格型号	计量单位	数量	单价/元	合价/元

工程单价计算表-9

________项目名称

单价编号：　　　　　　　　　　　　　　　　　　　　定额单位：

施工方法：

序号	名　称	规格型号	计量单位	数量	单价/元	合价/元

工程单价计算表-10

______________项目名称

单价编号：　　　　　　　　　　　　　　　　　　　　　定额单位：

施工方法：

序号	名　称	规格型号	计量单位	数量	单价/元	合价/元

人工费单价汇总表

合同编号：

工程名称：

序号	工　种	单位	单价/元	备注

附录 A

工程量清单项目计算规则

《水利工程工程量清单计价规范》(GB 50501—2007) 附录 A 水利建筑工程工程量清单项目包括土方开挖工程，石方开挖工程，土石方填筑工程，疏浚和吹填工程，砌筑工程，锚喷支护工程，钻孔和灌浆工程，基础防渗和地基加固工程，混凝土工程，模板工程，钢筋、钢构件加工及安装工程，预制混凝土工程，原料开采及加工工程和其他建筑工程，共 14 节、130 个子目。

水利建筑工程按 14 个分类工程进行划分，有利于水利建筑工程工程量清单项目的最末一级项目划分简洁、准确，有利于工程投资按统一的分类工程进行统计、控制管理和对比分析。分类工程中子目的设置力求全面和准确，根据项目主要特征，结合主要工作内容和一般适用范围进行划分，并补充了新材料、新技术、新工艺的有关项目，以满足水利建筑工程设计水平和施工技术发展的需要。

水利建筑工程的 14 个分类工程中均设有其他分类分项工程子目。当分类分项工程量清单的项目虽能划归到具体的分类工程，但找不到匹配的分类分项工程子目时，则可将其划归到相应分类工程的其他分类分项工程子目中。

项目划分应注意的问题如下：

(1) 结合水利工程招标投标工作的实际情况，将模板工程、原料开采及加工工程分别作为一个分类工程独立列项。

(2) GB 50501—2007 附录 A 各表中项目编码以×××表示的十至十二位由编制人自 001 起按清单项目的前后顺序进行编码，如土方开挖分类工程中的坝基覆盖层一般土方开挖为 500101002001、溢洪道覆盖层一般土方开挖为 500101002002、进水口覆盖层一般土方开挖为 500101002003 等，依此类推。各分类分项工程的流水号均自 001 起顺序编码。

(3) 不同分类工程中的不同分项工程子目应按照主次原则或实际需要在工程量清单中以主要分类分项工程列项计价，次要分类分项工程的费用摊入主要分类分项工程有效工程量的单价中，如钢筋石笼工程分别涉及砌筑工程和钢筋、钢构件加工及安装工程，钢筋石笼工程在工程量清单中独立列项，而钢筋石笼中的钢筋制安费用应摊入钢筋石笼有效工程量的工程单价中；混凝土工程中可计入模板制作安装和拆除工作内容，混凝土工程在工程量清单中独立列项，而模板工程的费用应摊入混凝土工程有效工程量的工程单价中。

（4）同一分类工程中的各分类分项工程子目应按照主次原则或实际需要在工程量清单中按主要分类分项工程列项计价，将次要分类分项工程费用摊入主要分类分项工程有效工程量的工程单价中。如在保护层石方开挖工程中计入预裂爆破工作内容，将预裂爆破费用摊入保护层石方开挖工程有效工程量的工程单价中。

（5）水利建筑工程分类分项工程量清单项目应按GB 50501—2007附录A规定的分类分项工程项目编码、项目名称、计量单位进行编列，除其他工程外，计量单位均应与GB 50501—2007保持一致。

A.1 土方开挖工程

A.1.1 概况

土方开挖工程共分10个子目。

（1）场地平整（500101001×××）。

（2）一般土方开挖（500101002×××）。

（3）渠道土方开挖（500101003×××）。

（4）沟、槽土方开挖（500101004×××）。

（5）坑土方开挖（500101005×××）。

（6）砂砾石开挖（500101006×××）。

（7）平洞土方开挖（500101007×××）。

（8）斜洞土方开挖（500101008×××）。

（9）竖井土方开挖（500101009×××）。

（10）其他土方开挖工程（500101010×××）。

A.1.2 工程量及项目编码

A.1.2.1 场地平整（500101001×××）

适用于挖（填）平均厚度在0.5m以内的场地清理、平整工程。

场地平整的工程量按招标设计图示场地平整面积计量。

项目编码宜根据设计深度确定，可按不同部位、不同土类级别、不同运距等区别自500101001001起依次顺序编码。若设计深度难以区分不同部位、不同土类级别、不同运距，或为避免在合同履行期，因合同双方所依据的划分标准不一致，导致产生合同争议、变更或索赔，则可合并采用500101001001一个项目编码。以下各项目的编码编制，均可按此原则处理。

挖（填）平均厚度超过0.5m的场地清理、平整工程，开挖可划归为一般土方开挖工程，填筑划归为土石方填筑工程。

A.1.2.2 一般土方开挖（500101002×××）

适用于除渠道、沟、槽、坑土方开挖以外的一般性土方明挖。包括场地平整工程中挖（填）平均厚度超过0.5m的一般土方开挖。一般土方开挖的工程量按招标设计图示轮廓尺寸计算的有效自然方体积计量。

项目编码可按不同部位、不同土类级别、不同运距等区别自500101002001起依次顺序编码。

A.1.2.3 渠道土方开挖（500101003×××）

适用于底宽>3m、长度>3倍底宽的渠道土方明挖。对于底宽>3m、长度>3倍底宽的非渠道土方明挖，应视为一般土方开挖。

渠道土方开挖的工程量按招标设计图示轮廓尺寸计算的有效自然方体积计量。

项目编码可按不同部位、不同土类级别、不同断面尺寸、不同运距等区别自500101003001起依次顺序编码。

A.1.2.4 沟、槽土方开挖（500101004×××）

适用于底宽≤3m、长度>3倍底宽的土方明挖。

沟、槽土方开挖的工程量按招标设计图示轮廓尺寸计算的有效自然方体积计量。

项目编码可按不同部位、不同土类级别、不同断面尺寸、不同运距等区别自500101004001起依次顺序编码。

A.1.2.5 坑土方开挖（500101005×××）

适用于底宽≤3m、长度≤3倍底宽、深度小于等于上口短边或直径的土方明挖。对于底宽≤3m、长度≤3倍底宽、深度大于上口短边或直径的土方明挖，应视为竖井土方开挖。

坑土方开挖的工程量按招标设计图示轮廓尺寸计算的有效自然方体积计量。

项目编码可按不同部位、不同土类级别、不同断面尺寸、不同运距等区别自500101005001起依次顺序编码。

A.1.2.6 砂砾石开挖（500101006×××）

适用于岩层上部的风化砂土层或砂卵石层明挖。一般划归为Ⅳ类土。

砂砾石开挖的工程量按招标设计图示轮廓尺寸计算的有效自然方体积计量。项目编码可按不同部位、不同运距等区别自500101006001起依次顺序编码。

A.1.2.7 平洞土方开挖（500101007×××）

适用于洞轴线水平夹角≤6°的土方洞挖。

平洞土方开挖的工程量按招标设计图示轮廓尺寸计算的有效自然方体积计量。项目编码可按不同部位、不同土类级别、不同断面尺寸、不同运距等区别自500101007001起依次顺序编码。

A.1.2.8 斜洞土方开挖（500101008×××）

适用于洞轴线水平夹角6°～75°（即>6°，且≤75°，下同）的土方洞挖。

斜洞土方开挖的工程量按招标设计图示轮廓尺寸计算的有效自然方体积计量。

项目编码可按不同部位、不同土类级别、不同断面尺寸、不同运距等区别自500101008001起依次顺序编码。

A.1.2.9 竖井土方开挖（500101009×××）

适用于轴线水平夹角>75°、深度大于上口短边或直径的土方井挖。

竖井土方开挖的工程量按招标设计图示轮廓尺寸计算的有效自然方体积计量。

项目编码可按不同部位、不同土类级别、不同断面尺寸、不同运距等区别自500101009001起依次顺序编码。

A.1.2.10　其他土方开挖工程（500101010×××）

指除以上9类（500101001×××至500101009×××）以外的土方开挖工程项目。

其他土方开挖工程的工程量可按招标设计的有效工程量计量。

项目编码可视具体情况，按不同部位、不同土方开挖工程等区别自500101010001起依次顺序编码。

A.1.3　清单计价

（1）场地平整包括测量放线标点，清除植被及废弃物处理，推、挖、填、压、找平，弃土（取土）装、运、卸等工作。施工过程中增加的超挖量和施工附加量所发生的费用，应摊入有效工程量的工程单价中。场地平整中有压实密度要求的，应在土石方填筑工程中另行计量计价。

（2）一般土方开挖，渠道土方开挖，沟、槽土方开挖，坑土方开挖，包括测量放线标点，处理渗水、积水，支撑挡土板，挖、装、运、卸，弃土场平整等工作。施工过程中增加的超挖量和施工附加量所发生的费用，应摊入有效工程量的工程单价中。

（3）砂砾石开挖包括测量放线标点，校验土石分界线，挖、装、运、卸，弃土场平整等工作。施工过程中增加的超挖量和施工附加量所发生的费用，应摊入有效工程量的工程单价中。

（4）平洞土方开挖，斜洞土方开挖，竖井土方开挖，包括测量放线标点，处理渗水、积水，通风、照明，挖、装、运、卸，安全处理，弃土场平整等工作。施工过程中增加的超挖量和施工附加量所发生的费用，应摊入有效工程量的工程单价中。

（5）其他土方开挖工程按招标设计计量计价。施工过程中增加的超挖量和施工附加量所发生的费用，应摊入有效工程量的工程单价中。

（6）各类土方开挖运输距离按开挖部位中心点至卸料区中心点道路运输距离计算。对于土方洞挖，通风管路应按通风散烟口至最远工作面的距离计价。渣料运输按洞内装运、洞外增运方式计价，如需倒渣，则应计入二次转运费用。

A.1.4　其他

（1）夹有孤石的土方开挖中，大于0.7m^3的孤石按石方开挖工程计量规则计量，在土方开挖计量中应予以扣除；小于0.7m^3的孤石仍按土方开挖工程计量规则计量。

（2）土方开挖工程均包括弃土运输的工作内容，直接利用开挖土料作为填筑料时，土料的开挖运输费用应计入土方开挖工程。

（3）开挖与运输不在同一标段的工程，应分别选取开挖与运输的工作内容计量，开挖标段按招标设计图示轮廓尺寸计算的有效自然方体积计量，弃土运输标段按弃土土方的堆方体积计量，填筑料运输标段按填筑体的有效压实方体积计量。

（4）对于底宽＞3m、长度≤3倍底宽，深度小于等于上口短边或直径的土方明挖应按一般土方开挖计量。

A.2 石方开挖工程

A.2.1 概况

石方开挖工程共分 13 个子目。

(1) 一般石方开挖 (500102001×××)。

(2) 坡面石方开挖 (500102002×××)。

(3) 渠道石方开挖 (500102003×××)。

(4) 沟、槽石方开挖 (500102004×××)。

(5) 坑石方开挖 (500102005×××)。

(6) 保护层石方开挖 (500102006×××)。

(7) 平洞石方开挖 (500102007×××)。

(8) 斜洞石方开挖 (500102008×××)。

(9) 竖井石方开挖 (500102009×××)。

(10) 洞室石方开挖 (500102010×××)。

(11) 窑洞石方开挖 (500102011×××)。

(12) 预裂爆破 (500102012×××)。

(13) 其他石方开挖工程 (500102013×××)。

石方开挖工程的岩石分级，主要根据岩石性质、容重、净钻时间、极限抗压强度和坚固系数分为Ⅴ～ⅩⅥ共 12 个级别，见 GB 50501—2007 表 A.2.2。

A.2.2 工程量及项目编码

A.2.2.1 一般石方开挖 (500102001×××)

适用于除坡面、渠道、沟、槽、坑和保护层石方开挖以外的一般性石方明挖。

一般石方开挖的工程量按招标设计图示轮廓尺寸计算的有效自然方体积计量。

项目编码可按不同部位、不同岩石级别、不同风化程度、不同运距等区别自 500102001001 起依次顺序编码。

A.2.2.2 坡面石方开挖 (500102002×××)

适用于坡面倾角＞20°、厚度≤5m (垂直坡面方向) 的石方明挖。

坡面石方开挖的工程量按招标设计图示轮廓尺寸计算的有效自然方体积计量。

项目编码可按不同部位、不同岩石级别、不同风化程度、不同运距等区别自 500102002001 起依次顺序编码。

A.2.2.3 渠道石方开挖 (500102003×××)

适用于底宽＞7m、长度＞3 倍底宽的石方明挖。

渠道石方开挖的工程量按招标设计图示轮廓尺寸计算的有效自然方体积计量。

项目编码可按不同部位、不同岩石级别、不同风化程度、不同运距等区别自 500102003001 起依次顺序编码。

A.2.2.4 沟、槽石方开挖 (500102004×××)

适用于底宽≤7m、长度＞3 倍底宽的石方明挖。

沟、槽石方开挖的工程量按招标设计图示轮廓尺寸计算的有效自然方体积计量。

项目编码可按不同部位、不同岩石级别、不同风化程度、不同断面尺寸、不同运距等区别自500102004001起依次顺序编码。

A.2.2.5 坑石方开挖（500102005×××）

适用于底宽≤7m、长度≤3倍底宽、深度小于等于上口短边或直径的石方明挖。

坑石方开挖的工程量按招标设计图示轮廓尺寸计算的有效自然方体积计量。

项目编码可按不同部位、不同岩石级别、不同风化程度、不同运距等区别自500102005001起依次顺序编码。

A.2.2.6 保护层石方开挖（500102006×××）

适用于平面、坡面、立面的保护层石方明挖。

保护层石方开挖的工程量按招标设计图示轮廓尺寸计算的有效自然方体积计量。

项目编码可按不同部位、不同岩石级别、不同运距等区别自500102006001起依次顺序编码。

A.2.2.7 平洞石方开挖（500102007×××）

适用于洞轴线水平夹角≤6°的石方洞挖。

平洞石方开挖的工程量按招标设计图示轮廓尺寸计算的有效自然方体积计量。

项目编码可按不同部位、不同岩石级别、不同围岩类别、不同断面尺寸、不同运距等区别自500102007001起依次顺序编码。

A.2.2.8 斜洞石方开挖（500102008×××）

适用于洞轴线水平夹角6°～75°的石方洞挖。

斜洞石方开挖的工程量按招标设计图示轮廓尺寸计算的有效自然方体积计量。

项目编码可按不同部位、不同岩石级别、不向围岩类别、不同运距等区别自500102008001起依次顺序编码。

A.2.2.9 竖井石方开挖（500102009×××）

适用于轴线水平夹角＞75°、深度大于上口短边或直径的石方井挖。

竖井石方开挖的工程量按招标设计图示轮廓尺寸计算的有效自然方体积计量。

项目编码可按不同部位、不同岩石级别、不同围岩类别、不同运距等区别自500102009001起依次顺序编码。

A.2.2.10 洞室石方开挖（500102010×××）

适用于开挖横断面较大且轴线长度与宽度之比小于10的石方洞挖，如地下厂房、地下开关站、地下调压室等。

洞室石方开挖的工程量按招标设计图示轮廓尺寸计算的有效自然方体积计量。

项目编码可按不同部位、不同岩石级别、不同围岩类别、不同运距等区别自500102010001起依次顺序编码。

A.2.2.11 窑洞石方开挖（500102011×××）

适用于开挖横断面较大，轴线长度与宽度之比小于5，且进口露明的石方洞挖，如半地下式厂房、半地下式开关站等。

窑洞石方开挖的工程量按招标设计图示轮廓尺寸计算的有效自然方体积计量。

项目编码可按不同部位、不同岩石级别、不同围岩类别、不同运距等区别自500102011001起依次顺序编码。

A.2.2.12 预裂爆破（500102012×××）

预裂爆破的工程量按招标设计图示尺寸计算的面积计量。

项目编码可按不同部位、不同孔深、不同岩石级别等区别自500102012001起依次顺序编码。

A.2.2.13 其他石方开挖工程（500102013×××）

指除以上12类（500102001×××至500102012×××）以外的石方开挖工程。

其他石方开挖工程的工程量按招标设计的有效工程量计量。

项目编码可视具体情况，按不同部位、不同石方开挖工程等区别自500102013001起依次顺序编码。

A.2.3 清单计价

（1）一般石方开挖，坡面石方开挖，渠道石方开挖，沟、槽石方开挖，坑石方开挖，保护层石方开挖，包括测量放线标点，钻孔、爆破，安全处理，解小、清理，装、运、卸，施工排水，渣场平整等工作。施工过程中增加的超挖量和施工附加量所发生的费用，应摊入有效工程量的工程单价中。

（2）平洞石方开挖、斜洞石方开挖、竖井石方开挖、洞室石方开挖、窑洞石方开挖，包括测量放线标点，钻孔、爆破，通风散烟、照明，安全处理，解小、清理，装、运、卸，施工排水，渣场平整等工作。施工过程中增加的超挖量和施工附加量所发生的费用，应摊入有效工程量的工程单价中。

（3）预裂爆破包括测量放线标点，钻孔、爆破，清理等工作，若招标设计文件有要求但未列出预裂爆破工程量时，可采取摊入相应项目有效工程量的工程单价方式，不在工程量清单中单独列示预裂爆破项目。

（4）其他石方开挖工程按招标设计计量计价。施工过程中增加的超挖量和施工附加量所发生的费用，应摊入有效工程量的工程单价中。

（5）各类石方开挖运输距离按开挖部位中心点至卸料区中心点道路运输距离计算。对于石方洞挖，通风管路应按通风散烟口至最远工作面的距离计价，石渣运输按洞内装运、洞外增运方式计价。

A.2.4 其他

（1）石方开挖均包括渣料运输的工作内容，直接利用开挖料作为混凝土骨料或填筑料的原料时，原料进入骨料加工系统进料仓或填筑工作面以前的开挖运输费用应计入石方开挖工程。

（2）石方开挖与运输不在同一标段的工程，应分别选取开挖与运输的工作内容计量。开挖标段按招标设计图示轮廓尺寸计算的有效自然方体积计量，渣料运输标段按弃渣石方的堆方体积计量，填筑料运输标段按填筑体的有效压实方体积计量。石方开挖可利用渣料的回采运输（如用于石方填筑、砂石料骨料加工）费用应计入相应的填筑料或砂石料骨料的材料单价中。

（3）对于底宽>7m、长度≤3倍底宽，深度小于等于上口短边或直径的石方开挖应按一般石方开挖计量。

（4）爆破试验费用可根据需要单独列项计价，或将其费用摊入石方开挖工程有效工程量的工程单价中。

A.3 土石方填筑工程

A.3.1 概况

土石方填筑工程共分16个子目。

（1）一般土方填筑（500103001×××）。

（2）黏土料填筑（500103002×××）。

（3）人工掺合料填筑（500103003×××）。

（4）防渗风化料填筑（500103004×××）。

（5）反滤料填筑（500103005×××）。

（6）过渡层料填筑（500103006×××）。

（7）垫层料填筑（500103007×××）。

（8）堆石料填筑（500103008×××）。

（9）石渣料填筑（500103009×××）。

（10）石料抛投（500103010×××）。

（11）钢筋笼块石抛投（500103011×××）。

（12）混凝土块抛投（500103012×××）。

（13）袋装土方填筑（500103013×××）。

（14）土工合成材料铺设（500103014×××）。

（15）水下土石填筑体拆除（500103015×××）。

（16）其他土石方填筑工程（500103016×××）。

A.3.2 工程量及项目编码

A.3.2.1 一般土方填筑（500103001×××）

适用于土坝、土堤等一般土方填筑。

一般土方填筑的工程量按招标设计图示尺寸计算的填筑体有效压实方体积计量。

项目编码可按不同部位、不同压实密度、不同运距等区别自500103001001起依次顺序编码。

A.3.2.2 黏土料填筑（500103002×××）

适用于土石坝、围堰等的防渗体黏土料填筑。

黏土料填筑的工程量按招标设计图示尺寸计算的填筑体有效压实方体积计量。

项目编码可按不同部位、不同压实密度、不同运距等区别自500103002001起依次顺序编码。

A.3.2.3 人工掺合料填筑（500103003×××）

适用于土石坝、围堰等的防渗体掺合料填筑。

人工掺合料填筑的工程量按招标设计图示尺寸计算的填筑体有效压实方体积计量。

项目编码可按不同部位、不同压实密度、不同运距等区别自500103003001起依次顺序编码。

A.3.2.4 防渗风化料填筑（500103004×××）

适用于土石坝、围堰等的防渗体风化料填筑。

防渗风化料填筑的工程量按招标设计图示尺寸计算的填筑体有效压实方体积计量。

项目编码可按不同部位、不同压实密度、不同运距等区别自500103004001起依次顺序编码。

A.3.2.5 反滤料填筑（500103005×××）

适用于土石坝、围堰等的防渗体与过渡层料之间的反滤料及滤水坝趾反滤料填筑。

反滤料填筑的工程量按招标设计图示尺寸计算的填筑体有效压实方体积计量。

项目编码可按不同部位、不同运距等区别自500103005001起依次顺序编码。

A.3.2.6 过渡层料填筑（500103006×××）

适用于土石坝、围堰等的反滤料与坝壳之间的过渡层料填筑。

过渡层料填筑的工程量按招标设计图示尺寸计算的填筑体有效压实方体积计量。

项目编码可按不同部位、不同运距等区别自500103006001起依次顺序编码。

A.3.2.7 垫层料填筑（500103007×××）

适用于面板坝的面板与坝壳之间的垫层料填筑。

垫层料填筑的工程量按招标设计图示尺寸计算的填筑体有效压实方体积计量。

项目编码可按不同部位、不同运距等区别自500103007001起依次顺序编码。

A.3.2.8 堆石料填筑（500103008×××）

适用于坝体、围堰等堆石料填筑。

堆石料填筑的工程量按招标设计图示尺寸计算的填筑体有效压实方体积计量。

项目编码可按不同部位、不同压实密度、不同运距等区别自500103008001起依次顺序编码。

A.3.2.9 石渣料填筑（500103009×××）

适用于坝体、围堰等石渣料填筑。

石渣料填筑的工程量按招标设计图示尺寸计算的填筑体有效压实方体积计量。

项目编码可按不同部位、不同压实密度、不同运距等区别自500103009001起依次顺序编码。

A.3.2.10 石料抛投（500103010×××）

适用抛投于水下的石料抛投。

石料抛投的工程量按招标设计文件要求，以抛投体积计量。抛投体积按抛投石料的堆方体积计量。GB 50501—2007原则上均以“招标设计图示尺寸”和“有效工程量”为计量规则，但由于水下石料抛投的特殊性，无法测量出有效工程量，因此，采用按抛投体积进行计量的方法。同样，“钢筋笼块石抛投”和“混凝土块抛投”也存在类似情况，在应用时应特别注意这一差别。

项目编码可按不同部位、不同运距等区别自500103010001起依次顺序编码。

A.3.2.11 钢筋笼块石抛投（500103011×××）

适用抛投于水下的钢筋笼块石抛投。

钢筋笼块石抛投的工程量按招标设计文件要求，以抛投体积计量。抛投体积按钢筋笼规格尺寸计算的体积计量。

项目编码可按不同部位、不同运距等区别自500103011001起依次顺序编码。

A.3.2.12 混凝土块抛投（500103012×××）

适用抛投于水下的混凝土块抛投。

混凝土块抛投的工程量按招标设计文件要求，以抛投体积计量。抛投体积按混凝土块规格尺寸计算的体积计量。

项目编码可按不同部位、不同运距等区别自500103012001起依次顺序编码。

A.3.2.13 袋装土方填筑（500103013×××）

适用于围堰、土堤等水下土方填筑。

袋装土方填筑的工程量按招标设计图示尺寸计算的填筑体有效体积计量。

项目编码可按不同部位、不同运距等区别自500103013001起依次顺序编码。

A.3.2.14 土工合成材料铺设（000103014×××）

适用于防渗结构的土工合成材料铺设。

土工合成材料铺设的工程量按招标设计图示尺寸计算的有效面积计量。

项目编码可按不同部位、不同材质、不同规格等区别自500103014001起依次顺序编码。

A.3.2.15 水下土石填筑体拆除（500103015×××）

适用于围堰等水下土石填筑体拆除。

水下土石填筑体拆除的工程量按招标设计文件要求，以拆除前后水下地形变化计算的体积计量。

项目编码可按不同部位、不同运距等区别自500103015001起依次顺序编码。

A.3.2.16 其他土石方填筑工程（500103016×××）

指除以上15类（500103001×××至500103015×××）以外的土石方填筑工程。

其他土石方填筑工程的工程量按招标设计的有效工程量计量。

项目编码可视具体情况，按不同部位、不同土石方填筑工程等区别自500103016001起依次顺序编码。

A.3.3 清单计价

（1）一般土方填筑、黏土料填筑、人工掺合料填筑、防渗风化料填筑、反滤料填筑、过渡层料填筑、垫层料填筑，包括挖、装、运、卸，分层铺料、平整、洒水、碾压等工作，施工过程中增加的超填量、施工附加量、填筑体及基础的沉陷损失、填筑操作损耗等所发生的费用，应摊入有效工程量的工程单价中。

（2）堆石料填筑、石渣料填筑，包括确定填筑参数，挖、装、运、卸，分层铺料、平整、洒水、碾压等工作，施工过程中增加的超填量、施工附加量、填筑体及基础的沉陷损失、雨后清理、边坡削坡、接缝削坡、取土坑、试验坑、填筑操作损耗等所发生的费用，应摊入有效工程量的工程单价中。

（3）石料抛投、混凝土块抛投，包括抛投准备、装运、抛投等工作。

（4）钢筋笼块石抛投包括抛投准备、笼体加工、石料装运、装笼、抛投等工作。

（5）袋装土方填筑包括装土、封包、运输、堆筑等工作，施工过程中增加的操作损耗等所发生的费用，应摊入有效工程量的工程单价中。

（6）土工合成材料铺设包括铺设、接缝、运输等工作，施工过程中增加的操作损耗等所发生的费用，应摊入有效工程量的工程单价中。

（7）水下土石填筑体拆除包括测量拆除前后水下地形，挖、装、运、卸等工作。

A.3.4　其他

（1）填筑土石料的松实系数换算，应按现场土工实验资料确定；无现场土工实验资料时，参照CJB 50501—2007表A.3.2确定。

（2）抛投水下的抛填物，按抛填物的堆方体积或规格尺寸计算体积。

（3）钢筋笼块石的钢筋笼加工，按招标设计文件要求和钢筋、钢构件加工及安装工程的计量计价规则计算，摊入钢筋笼块石抛投有效工程量的工程单价中。

（4）混凝土块抛投中混凝土块应按预制混凝土工程的计量计价规则计算，摊入混凝土块抛投有效工程量的工程单价中。

（5）利用开挖料进行填筑应注意挖填分界点，分别按开挖工程和填筑工程计量计价规则进行计量计价。

（6）填筑碾压试验费用可根据需要单独列项计价，或将其费用摊入填筑工程有效工程量的工程单价中。

A.4　疏浚和吹填工程

A.4.1　概况

疏浚与吹填工程共分5个子目。

（1）船舶疏浚（500104001×××）。

（2）其他机械疏浚（500104002×××）。

（3）船舶吹填（500104003×××）。

（4）其他机械吹填（500104004×××）。

（5）其他疏浚和吹填工程（500104005×××）。

河道疏浚工程中泥土、粉细砂，根据土质、状态、塑性、密度等分为Ⅰ～Ⅶ七个级别；砂分为中砂、粗砂两大类别；水力冲挖机组土类分为Ⅰ～Ⅳ四个级别。

A.4.2　工程量及项目编码

A.4.2.1　船舶疏浚（500104001×××）

适用于在不同土壤中的水下疏浚，并排泥于指定地点。

船舶疏浚的工程量按招标设计图示轮廓尺寸计算的水下有效自然方体积计量。

项目编码可按不同部位、不同土（砂）级别、排泥管线长度等区别自500104001001起依次顺序编码。

A. 4. 2. 2 其他机械疏浚（500104002×××）

适用于在不同土壤中的水下疏浚，并排泥于指定地点。

其他机械疏浚的工程量按招标设计图示轮廓尺寸计算的水下有效自然方体积计量。

项目编码可按不同部位、不同土（砂）级别、排泥管线长度等区别自500104002001起依次顺序编码。

A. 4. 2. 3 船舶吹填（500104003×××）

适用于吹填坝、堤，淤积田地及场地。

船舶吹填的工程量按招标设计图示轮廓尺寸计算的有效吹填体积计量。

项目编码可按不同部位、不同土（砂）级别、排泥管线长度等区别自500104003001起依次顺序编码。

A. 4. 2. 4 其他机械吹填（500104004×××）

适用于吹填坝、堤，淤积田地及场地。

其他机械吹填的工程量按招标设计图示轮廓尺寸计算的有效吹填体积计量。

项目编码可按不同部位、不同土（砂）级别、排泥管线长度等区别自500104004001起依次顺序编码。

A. 4. 2. 5 其他疏浚和吹填工程（500104005×××）

指除以上4类（500104001×××至500104004×××）以外的其他疏浚和吹填工程。

其他疏浚和吹填工程的工程量按招标设计的有效工程量计量。

项目编码可视具体情况，按不同部位、不同疏浚和吹填工程等区别自500104005001起依次顺序编码。

A. 4. 3 清单计价

（1）船舶疏浚、其他机械疏浚，包括测量地形、设立标志，避险、防干扰，排泥管安拆、移动、挖泥、排泥（或驳船运输排泥），作业面移动及辅助工作，开工展布、收工集合等工作。施工过程中疏浚设计断面以外增加的超挖量、施工期自然回淤量、开工展布与收工集合、避险与防干扰措施、排泥管安拆移动以及使用辅助船只等所发生的费用，应摊入有效工程量的工程单价中，辅助工程（如浚前扫床和障碍物清除、排泥区围堰、隔埂、退水口及排水渠等项目）另行计量计价。

（2）船舶吹填、其他机械吹填，包括测量地形、设立标志，避险、防干扰，排泥管安拆、移动、挖泥、排泥（或驳船运输排泥），作业面移动及辅助工作，围堰、隔埂、退水口及排水渠等的维护，吹填体的脱水固结，开工展布、收工集合等工作。施工过程中吹填土体沉陷量、原地基因上部吹填荷载而产生的沉降量和泥沙流失量、对吹填区平整度要求较高的工程配备的陆上土方机械等所发生的费用，应摊入有效工程量的工程单价中。辅助工程（如浚前扫床和障碍物清除、排泥区围堰、隔埂、退水口及排水渠等项目）另行计量计价。

A. 4. 4 其他

（1）河道疏浚和吹填工程的土（砂）分级，按GB 50501—2007表A. 4. 2-1确定。水力冲挖机组的土类分级，按GB 50501—2007表A. 4. 2-2确定。

（2）利用疏浚工程排泥进行吹填的工程，疏浚和吹填价格分别按招标设计文件的规定执行。

A.5 砌 筑 工 程

A.5.1 概况

砌筑工程共分11个子目。

(1) 干砌块石(500105001×××)。

(2) 钢筋(铅丝)石笼(500105002×××)。

(3) 浆砌块石(500105003×××)。

(4) 浆砌卵石(500105004×××)。

(5) 浆砌条(料)石(500105005×××)。

(6) 砌砖(500105006×××)。

(7) 干砌混凝土预制块(500105007×××)。

(8) 浆砌混凝土预制块(500105008×××)。

(9) 砌体拆除(500105009×××)。

(10) 砌体砂浆抹面(500105010×××)。

(11) 其他砌筑工程(500105011×××)。

A.5.2 工程量及项目编码

A.5.2.1 干砌块石(500105001×××)

适用于干砌块石挡墙、护坡等。

干砌块石的工程量按招标设计图示尺寸计算的有效砌筑体积计量。

项目编码可按不同部位、结构形式等区别自500105001001起依次顺序编码。

A.5.2.2 钢筋(铅丝)石笼(500105002×××)

适用于钢筋(铅丝)石笼护坡、护底等。

钢筋(铅丝)石笼的工程量按招标设计图示尺寸计算的有效砌筑体积计量。

项目编码可按不同部位、结构形式等区别自500105002001起依次顺序编码。

A.5.2.3 浆砌块石(500105003×××)

适用于浆砌块石挡墙、护坡、排水沟、渠道等。

浆砌块石的工程量按招标设计图示尺寸计算的有效砌筑体积计量。

项目编码可按不同部位、结构形式等区别自500105003001起依次顺序编码。

A.5.2.4 浆砌卵石(500105004×××)

适用于浆砌卵石挡墙、护坡、排水沟、渠道等。

浆砌卵石的工程量按招标设计图示尺寸计算的有效砌筑体积计量。

项目编码可按不同部位、结构形式等区别自500105004001起依次顺序编码。

A.5.2.5 浆砌条(料)石(500105005×××)

适用于浆砌条(料)石挡墙、护坡、墩、台、堰、低坝、拱圈、衬砌等。

浆砌条(料)石的工程量按招标设计图示尺寸计算的有效砌筑体积计量。

项目编码可按不同部位、结构形式等区别自500105005001起依次顺序编码。

A.5.2.6 砌砖（500105006×××）

适用于砖砌的墙、柱、基础等。

砌砖的工程量按招标设计图示尺寸计算的有效砌筑体积计量。

项目编码可按不同部位、结构形式等区别自500105006001起依次顺序编码。

A.5.2.7 干砌混凝土预制块（500105007×××）

适用于挡墙、隔墙等干砌混凝土预制块。

干砌混凝土预制块的工程量按招标设计图示尺寸计算的有效砌筑体积计量。

项目编码可按不同部位、结构形式等区别自500105007001起依次顺序编码。

A.5.2.8 浆砌混凝土预制块（500105008×××）

适用于挡墙、隔墙、护坡、护底、墩、台等浆砌混凝土预制块。

浆砌混凝土预制块的工程量按招标设计图示尺寸计算的有效砌筑体积计量。

项目编码可按不同部位、结构形式等区别自500105008001起依次顺序编码。

A.5.2.9 砌体拆除（500105009×××）

适用于挡墙、隔墙、护坡、护底、墩、台等各种形式的砌体拆除。

砌体拆除的工程量按招标设计图示尺寸计算的拆除体积计量。

项目编码可按不同部位、结构形式等区别自500105009001起依次顺序编码。

A.5.2.10 砌体砂浆抹面（500105010×××）

适用于挡墙、隔墙、护坡、护底、墩、台等各种形式的砌体砂浆抹面。

砌体砂浆抹面的工程量按招标设计图示尺寸计算的有效抹面面积计量。

项目编码可按不同部位、结构形式等区别自500105010001起依次顺序编码。

A.5.2.11 其他砌筑工程（500105011×××）

指除以上10类（500105001×××至500105010×××）以外的其他砌筑工程。

其他砌筑工程的工程量按招标设计的有效工程量计量。

项目编码可视具体情况，按不同部位、不同砌筑工程等区别自500105011001起依次顺序编码。

A.5.3 清单计价

（1）干砌块石包括选石、修石、砌筑、填缝、找平等工作。施工过程中的超砌量、施工附加量、砌筑操作损耗等所发生的费用，应摊入有效工程量的工程单价中。

（2）钢筋（铅丝）石笼包括笼体加工、装运笼体就位、块石装笼等工作。施工过程中的超砌量、施工附加量、砌筑操作损耗等所发生的费用，应摊入有效工程量的工程单价中。

（3）浆砌块石、浆砌卵石、浆砌条（料）石包括选石、修石、冲洗，砂浆拌和、砌筑、勾缝等工作。施工过程中的超砌量、施工附加量、砌筑操作损耗等所发生的费用，应摊入有效工程量的工程单价中。

（4）砌砖包括砂浆拌和、砌筑、勾缝等工作。施工过程中的超砌量、施工附加量、砌筑操作损耗等所发生的费用，应摊入有效工程量的工程单价中。

（5）干砌混凝土预制块包括砌筑等工作。施工过程中的超砌量、施工附加量、砌筑操作损耗等所发生的费用，应摊入有效工程量的工程单价中。

（6）浆砌混凝土预制块包括冲洗、拌砂浆、砌筑、勾缝等工作。施工过程中的超砌量、施工附加量、砌筑操作损耗等所发生的费用，应摊入有效工程量的工程单价中。

（7）砌体拆除包括用料堆存，弃渣装、运、卸，清理等工作。施工过程中的施工附加量等所发生的费用，应摊入有效工程量的工程单价中。

（8）砌体砂浆抹面包括拌砂浆、抹面等工作。施工过程中的施工附加量、操作损耗等所发生的费用，应摊入有效工程量的工程单价中。

A.5.4 其他

（1）钢筋（铅丝）石笼笼体加工和砌筑体拉结筋，按招标设计图示要求和钢筋、钢构件加工及安装工程的计量计价规格计算，分别摊入钢筋（铅丝）石笼和埋有拉结筋砌筑体的有效工程量的工程单价中。

（2）主要砌筑材料（如块石、混凝土预制块、卵石、砖等）应以材料费列示计入砌筑工程有效工程量的工程单价中。

A.6 锚喷支护工程

A.6.1 概况

锚喷支护工程共分17个子目。

（1）注浆黏结锚杆（500106001×××）。

（2）水泥卷锚杆（500106002×××）。

（3）普通树脂锚杆（500106003×××）。

（4）加强锚杆束（500106004×××）。

（5）预应力锚杆（500106005×××）。

（6）其他黏结锚杆（500106006×××）。

（7）单锚头预应力锚杆（500106007×××）。

（8）双锚头预应力锚杆（500106008×××）。

（9）岩石面喷浆（500106009×××）。

（10）混凝土面喷浆（500106010×××）。

（11）岩石面喷混凝土（500106011×××）。

（12）钢支撑加工（500106012×××）。

（13）钢支撑安装（500106013×××）。

（14）钢筋格构架加工（500106014×××）。

（15）钢筋格构架安装（500106015×××）。

（16）木支撑安装（500106016×××）。

（17）其他锚喷支护工程（500106017×××）。

A.6.2 工程量及项目编码

A.6.2.1 注浆黏结锚杆（500106001×××）

适用于明挖或洞挖围岩的永久性锚固及施工期的临时性支护。

注浆黏结锚杆的工程量根据招标设计图示要求，按锚杆钢筋强度等级、直径、锚孔深度及外露长度的不同划分规格，以有效根数计量。

项目编码可按不同部位、不同锚杆钢筋强度等级、直径、锚孔深度等区别自500106001001起依次顺序编码。

A.6.2.2 水泥卷锚杆（500106002×××）

适用于明挖或洞挖围岩的永久性锚固及施工期的临时性支护。

水泥卷锚杆的工程量根据招标设计图示要求，按锚杆钢筋强度等级、直径、锚孔深度及外露长度的不同划分规格，以有效根数计量。

项目编码可按不同部位、不同锚杆钢筋强度等级、直径、锚孔深度等区别自500106002001起依次顺序编码。

A.6.2.3 普通树脂锚杆（500106003×××）

适用于明挖或洞挖围岩的永久性锚固及施工期的临时性支护。

普通树脂锚杆的工程量根据招标设计图示要求，按锚杆钢筋强度等级、直径、锚孔深度及外露长度的不同划分规格，以有效根数计量。

项目编码可按不同部位、不同锚杆钢筋强度等级、直径、锚孔深度等区别自500106003001起依次顺序编码。

A.6.2.4 加强锚杆束（500106004×××）

适用于明挖或洞挖围岩的永久性锚固及施工期的临时性支护。

加强锚杆束的工程量根据招标设计图示要求，按锚杆钢筋强度等级、直径、锚孔深度及外露长度的不同划分规格，以有效束数计量。

项目编码可按不同部位、不同锚杆钢筋强度等级、直径、锚孔深度等区别自500106004001起依次顺序编码。

A.6.2.5 预应力锚杆（500106005×××）

适用于明挖或洞挖围岩的永久性锚固及施工期的临时性支护。

预应力锚杆的工程量根据招标设计图示要求，按锚杆钢筋强度等级、直径、锚孔深度及外露长度的不同划分规格，以有效根数计量。

项目编码可按不同部位、不同锚杆钢筋强度等级、直径、锚孔深度等区别自500106005001起依次顺序编码。

A.6.2.6 其他黏结锚杆（500106006×××）

适用于明挖或洞挖围岩的永久性锚固及施工期的临时性支护。

其他黏结锚杆的工程量根据招标设计图示要求，按锚杆钢筋强度等级、直径、锚孔深度及外露长度的不同划分规格，以有效根数计量。

项目编码可按不同部位、不同锚杆钢筋强度等级、直径、锚孔深度等区别自500106006001起依次顺序编码。

A.6.2.7 单锚头预应力锚索（500106007×××）

适用于岩体的永久性锚固。

单锚头预应力锚索的工程量根据招标设计图示要求，按锚索预应力强度等级与锚索孔内长度的不同划分规格，以有效束数计量。

项目编码可按不同部位、不同锚索预应力强度等级、锚索孔深等区别自500106007001

起一次顺序编码

A. 6. 2. 8　双锚头预应力锚索（500106008×××）

适用于岩体的永久性锚固。

双锚头预应力锚索的工程量根据招标设计图示要求，按锚索预应力强度等级与锚索孔内长度的不同划分规格，以有效束数计量。

项目编码可按不同部位、不同锚索预应力强度等级、锚索孔深等区别自500106008001起依次顺序编码。

A. 6. 2. 9　岩石面喷浆（500106009×××）

适用于岩石边坡及洞挖围岩的稳固。

岩石面喷浆的工程量按招标设计图示部位不同喷浆厚度的喷浆面积计量。

项目编码可按不同部位、不同砂浆强度和配合比、不同喷浆厚度等区别自500106009001起依次顺序编码。

A. 6. 2. 10　混凝土面喷浆（500106010×××）

适用于已浇混凝土表面的防渗处理。

混凝土面喷浆的工程量按招标设计图示部位不同喷浆厚度的喷浆面积计量。

项目编码可按不同部位、不同砂浆强度和配合比、不同喷浆厚度等区别自500106010001起依次顺序编码。

A. 6. 2. 11　岩石面喷混凝土（500106011×××）

适用于岩石边坡及洞挖围岩的稳固。

岩石面喷混凝土的工程量按招标设计图示部位不同喷混凝土厚度的喷混凝土有效实体方体积计量。

项目编码可按不同部位、不同混凝土强度、有筋无筋、不同厚度等区别自500106011001起依次顺序编码。

A. 6. 2. 12　钢支撑加工（500106012×××）

适用于洞挖围岩不拆除的临时性支护。

钢支撑加工的工程量按招标设计图示尺寸计算的钢支撑有效重量计量。

项目编码可按不同部位自500106012001起依次顺序编码。

A. 6. 2. 13　钢支撑安装（500106013×××）

适用于洞挖围岩不拆除的临时性支护。

钢支撑安装的工程量按招标设计图示尺寸计算的钢支撑有效重量计量。

项目编码可按不同部位自500106013001起依次顺序编码。

A. 6. 2. 14　钢筋格构架加工（500106014×××）

适用于洞挖围岩不拆除的临时性支护。

钢筋格构架加工的工程量按招标设计图示尺寸计算的钢筋格构架有效重量计量。

项目编码可按不同部位自500106014001起依次顺序编码。

A. 6. 2. 15　钢筋格构架安装（500106015×××）

适用于洞挖围岩不拆除的临时性支护。

钢筋格构架安装的工程量按招标设计图示尺寸计算的钢筋格构架有效重量计量。

项目编码可按不同部位自500106015001起依次顺序编码。

A.6.2.16 木支撑安装（500106016×××）

一般不推荐使用。

木支撑安装的工程量按招标设计对围岩地质情况预计需耗用的木材体积计量。

项目编码可按不同部位自500106016001起依次顺序编码。

A.6.2.17 其他锚喷支护工程（500106017×××）

指除以上16类（500106001×××至500106016×××）以外的其他锚喷支护工程。

其他锚喷支护工程的工程量按招标设计的有效工程量计量。

项目编码可视具体情况，接不同部位、不同锚喷支护工程等区别自500106017001起依次顺序编码。

A.6.3 清单计价

（1）注浆黏结锚杆、水泥卷锚杆、普通树脂锚杆、加强锚杆束、预应力锚杆、其他黏结锚杆，包括布孔、钻孔，锚杆、锚杆束及附件加工、锚固，锚杆张拉，拉拔试验等工作。钻孔、锚杆或锚杆束、附件加工及安装过程中操作损耗等所发生的费用，应摊入有效工程量的工程单价中。

（2）单锚头预应力锚索、双锚头预应力锚索，包括钻孔、清孔及孔位测量，锚索及附件加工、运输、安装，单锚头的孔底段锚固，孔口承压垫座混凝土浇筑和钢垫板安装，张拉、锚固、注浆、封闭锚头等工作。钻孔、锚索、附件加工及安装过程中操作损耗等所发生的费用，应摊入有效工程量的工程单价中。

（3）岩石面喷浆、混凝土面喷浆，包括岩面浮石撬挖及清洗，混凝土面凿毛、清洗，材料装、运、卸砂浆配料、施喷、养护，回弹物清理等工作。由于被喷表面超挖等原因引起的超喷量、施喷回弹损耗量、操作损耗等所发生的费用，应摊入有效工程量的工程单价中。

（4）岩石面喷混凝土包括岩石面清洗，材料装、运、卸，混凝土配料、拌和、试验、施喷、养护，回弹物清理，喷护厚度检测等工作。由于被喷表面超挖等原因引起的超喷量、施喷回弹损耗量、操作损耗等所发生的费用，应摊入有效工程量的工程单价中。

（5）钢支撑加工、钢支撑安装、钢筋格构架加工、钢筋格构架安装，包括机械性能试验，除锈、加工、焊接，运输、安装等工作。计算钢支撑或钢筋格构架重量时，不扣除孔眼的重量，也不增加电焊条、铆钉、螺栓等的重量。一般情况下钢支撑或钢筋格构架不拆除，如需拆除，招标人应另外支付拆除费用，在计价时应考虑残值回收。

（6）木支撑安装包括木支撑加工，木支撑运输、架设、拆除等工作。木支撑拆除在计价时应考虑残值回收。

A.6.4 其他

（1）锚杆和锚索钻孔的岩石分级，按GB 50501—2007表A.2.2确定。

（2）喷浆和喷混凝土工程中如设有钢筋网，一般情况下，钢筋网费用不宜直接摊入喷浆和喷混凝土工程中，应在工程量清单中单独列项，按钢筋、钢构件加工及安装工程的计量计价规则另行计量计价。

A.7 钻孔和灌浆工程

A.7.1 概况

钻孔和灌浆工程共分15个子目。

（1）砂砾石层帷幕灌浆（含钻孔）（500107001×××）。

（2）土坝（堤）劈裂灌浆（含钻孔）（500107002×××）。

（3）岩石层钻孔（500107003×××）。

（4）混凝土层钻孔（500107004×××）。

（5）岩石层帷幕灌浆（500107005×××）。

（6）岩石层固结灌浆（500107006×××）。

（7）回填灌浆（含钻孔）（500107007×××）。

（8）检查孔钻孔（500107008×××）。

（9）检查孔压水试验（500107009×××）。

（10）检查孔灌浆（500107010×××）。

（11）接缝灌浆（500107011×××）。

（12）接触灌浆（500107012×××）。

（13）排水孔（500107013×××）。

（14）化学灌浆（500107014×××）。

（15）其他钻孔和灌浆工程（500107015×××）。

A.7.2 工程量及项目编码

A.7.2.1 砂砾石层帷幕灌浆（含钻孔）（500107001×××）

适用于坝（堰）基砂砾石层防渗帷幕灌浆。

砂砾石层帷幕灌浆（含钻孔）的工程量按招标设计图示尺寸计算的有效灌浆长度计量。

项目编码可按不同部位、不同设计净干料耗量等区别自500107001001起依次顺序编码。

A.7.2.2 土坝（堤）劈裂灌浆（含钻孔）（500107002×××）

适用于坝高在50m以下的均质土坝、宽心墙土坝或土堤劈裂灌浆。

土坝（堤）劈裂灌浆（含钻孔）的工程量按招标设计图示尺寸计算的有效灌浆长度计量。

项目编码可按不同部位、不同灌浆材料、不同设计净干料耗量等区别自500107002001起依次顺序编码。

A.7.2.3 岩石层钻孔（500107003×××）

适用于岩石层先导孔、灌浆孔、观测孔等钻孔。

岩石层钻孔的工程量按招标设计图示尺寸计算的有效钻孔进尺，按用途和孔径分别计量。

项目编码可按不同部位、不同地层和岩石级别、不同用途、不同孔径等区别自

500107003001 起依次顺序编码。

A.7.2.4 混凝土层钻孔（500107004×××）

适用于混凝土层先导孔、灌浆孔、观测孔等钻孔。

混凝土层钻孔的工程量按招标设计图示尺寸计算的有效钻孔进尺，按用途和孔径分别计量。

项目编码可按不同部位、不同用途、不同孔径等区别自 500107004001 起依次顺序编码。

A.7.2.5 岩石层帷幕灌浆（500107005×××）

适用于坝（堰）基等岩石的防渗帷幕灌浆。

岩石层帷幕灌浆的工程量按招标设计图示尺寸计算的有效灌浆长度或直接用于灌浆的水泥及掺和料的干耗量计量。

项目编码可按不同部位、不同透水率、不同注浆材料、不同灌浆程序等区别自 500107005001 起依次顺序编码。

A.7.2.6 岩石层固结灌浆（500107006×××）

适用于坝（堰）基岩石和地下洞室围岩等的固结灌浆。

岩石层固结灌浆的工程量按招标设计图示尺寸计算的有效灌浆长度或直接用于灌浆的水泥及掺和料的净干耗量计量。

项目编码可按不同部位、不同透水率等区别自 500107006001 起依次顺序编码。

A.7.2.7 回填灌浆（含钻孔）（500107007×××）

适用于衬砌混凝土与岩石面或充填混凝土与钢衬之间的缝隙回填。

回填灌浆（含钻孔）的工程量按招标设计图示尺寸计算的有效灌浆面积计量。

项目编码可按不同部位、孔向、孔径、孔深等区别自 500107007001 起依次顺序编码。

A.7.2.8 检查孔钻孔（500107008×××）

适用于坝（堰）基岩石帷幕、固结灌浆效果检查，混凝土浇筑质量检查。

检查孔钻孔的工程量按招标设计要求计算的有效钻孔进尺计量。

项目编码可按不同部位、孔向、孔径、孔深等区别自 500107008001 起依次顺序编码。

A.7.2.9 检查孔压水试验（500107009×××）

适用于坝（堰）基岩石帷幕、固结灌浆效果检查，湿凝土浇筑质量检查。

检查孔压水试验的工程量按招标设计要求计算压水试验的试段数计量。

项目编码可按不同部位、不同压水试验方法等区别自 500107009001 起依次顺序编码。

A.7.2.10 检查孔灌浆（500107010×××）

适用于坝（堰）基岩石帷幕、固结灌浆的检查孔灌浆。

检查孔灌浆的工程量按招标设计要求计算的有效灌浆长度计量。

项目编码可按不同部位、不同灌浆材料等区别自 500107010001 起依次顺序编码。

A.7.2.11　接缝灌浆（500107011×××）

适用于混凝土坝体内的施工缝灌浆。

接缝灌浆的工程量按招标设计图示要求灌浆的混凝土施工缝面积计量。

项目编码可按不同部位、不同灌浆材料等区别自500107011001起依次顺序编码。

A.7.2.12　接触灌浆（500107012×××）

适用于混凝土坝体与坝基、岸坡岩体接触缝的灌浆。

接触灌浆的工程量按招标设计图示要求灌浆的混凝土施工缝面积计量。

项目编码可按不同部位、不同灌浆材料等区别自500107012001起依次顺序编码。

A.7.2.13　排水孔（500107013×××）

适用于混凝土、岩体的排水孔。

排水孔的工程量按招标设计图示尺寸计算的有效钻孔进尺计量。

项目编码可按不同部位、不同孔径、不同岩石级别等区别自500107013001起依次顺序编码。

A.7.2.14　化学灌浆（500107014×××）

适用于混凝土裂缝处理、岩石微细裂隙或破碎带处理、防渗堵漏、固结补强等。

化学灌浆的工程量按招标设计图示化学灌浆区域需要各种化学灌浆材料的总重量计量。

项目编码可按不同部位、不同灌浆材料等区别自500107014001起依次顺序编码。

A.7.2.15　其他钻孔和灌浆工程（500107015×××）

指除以上14类（500107001×××至500107014×××）以外的其他钻孔和灌浆工程。

其他钻孔和灌浆工程的工程量按招标设计的有效工程量计量。

项目编码可视具体情况，按不同部位、不同钻孔和灌浆工程等区别自500107015001超依次顺序编码。

A.7.3　清单计价

（1）砂砾石层帷幕灌浆（含钻孔）包括钻孔，浇筑孔口管，泥浆护壁，制浆、灌浆、封孔，抬动观测，检查孔钻孔、压水试验及灌浆封堵，废漏浆液和弃渣清除等工作。钻孔、检查孔钻孔灌浆、浆液废弃、钻孔灌浆操作损耗等所发生的费用，应摊入砂砾石层帷幕灌浆有效工程量的工程单价中。

（2）土坝（堤）劈裂灌浆（含钻孔）包括钻孔，泥浆或套管护壁，制浆、灌浆、封孔，检查孔钻孔取样、灌浆封堵，坝体变形、渗流等观测，坝体变形、裂缝、冒浆及串浆处理等工作。钻孔、检查孔钻孔灌浆、浆液废弃、钻孔灌浆操作损耗等所发生的费用，应摊入土坝（堤）劈裂灌浆有效工程量的工程单价中。

（3）岩石层钻孔、混凝土层钻孔，包括埋设孔口管，钻孔、洗孔、孔位转移，取芯样，量孔深、测孔斜，孔口加盖保护等工作。有效钻孔进尺按钻机钻进工作面的位置开始计算。先导孔或观测孔取芯、灌浆孔取芯和扫孔等所发生的费用，应摊入岩石层钻孔、混凝土层钻孔有效工程量的工程单价中。

（4）岩石层帷幕灌浆、岩石层固结灌浆，包括洗孔、扫孔、简易压水试验，制浆、灌浆、封孔，抬动观测，废漏浆液清除等工作。补强灌浆、浆液废弃、灌浆操作损耗等所发生的费用，应摊入岩石层帷幕灌浆、固结灌浆有效工程量的工程单价中。

（5）回填灌浆（含钻孔）包括钻进混凝土后入岩或通过预埋灌浆管钻孔入岩，洗孔、制浆、灌浆、封孔，变形观测，检查孔压浆检查和封堵等工作。

隧洞回填灌浆按招标设计图示尺寸规定的计量角度，以设计衬砌外缘弧长与灌浆段长度的乘积计算的有效灌浆面积计量。混凝土层钻孔、预埋灌浆管路、预留灌浆孔的检查和处理、检查孔钻孔和压浆封堵、浆液废弃、灌浆操作损耗等所发生的费用，应摊入有效工程量的工程单价中。

高压钢管回填灌浆按招标设计图示衬砌钢板外缘全周长乘回填灌浆钢板衬砌段长度计算的有效灌浆面积计量。连接灌浆管、检查孔回填灌浆、浆液废弃、灌浆操作损耗等所发生的费用，应摊入有效工程量的工程单价中。钢板预留灌浆孔封堵不属回填灌浆的工作内容，应计入压力钢管的安装费中。

（6）检查孔钻孔、检查孔压水试验、检查孔灌浆，包括钻孔取岩芯，检查、验收，扫孔、洗孔，压水试验，制浆、灌浆、封孔，废浆液及弃渣清除等工作。各工序操作损耗等所发生的费用，应摊入有效工程量的工程单价中。

（7）接缝灌浆、接触灌浆，包括灌浆管路、灌浆盒及止浆片安装，钻灌浆孔，通水检查、冲洗、压水试验，制浆、灌浆、变形观测等工作。灌浆管路、灌浆盒及止浆片的制作、埋设、检查和处理，钻混凝土孔、灌浆操作损耗等所发生的费用，应摊入接缝灌浆、接触灌浆有效工程量的工程单价中。

（8）排水孔包括钻孔、洗孔、孔位转移、填料、插管，检查、验收等工作。

（9）化学灌浆包括埋设灌浆嘴，化学灌浆试验，选定浆液配合比和灌浆工艺，钻孔、洗孔及裂缝处理，配浆、灌浆、封孔等工作。化学灌浆试验、灌浆过程中操作损耗等所发生的费用，应摊入有效工程量的工程单价中。

A.7.4 其他

（1）岩石层钻孔的岩石分级，按 GB 50501—2007 表 A.2.2 和表 A.7.2-1 确定。砂砾石层钻孔地层分类，按 GB 50501—2007 表 A.7.2-2 确定。

（2）直接用于灌浆的水泥或掺和料的干耗量按设计净耗灰量计量。

（3）钻孔和灌浆工程的工作内容不包括招标文件规定按总价报价的钻孔取芯样的检验试验费和灌浆试验费。

（4）岩石层帷幕灌浆、岩石层固结灌浆计量单位可采用“m”或“t”计量，若以“m”为单位，则应按入岩深度计量，不包括混凝土层钻孔长度。

（5）检查孔钻孔、检查孔压水试验、检查孔灌浆可根据需要不单独列项，其费用摊入岩石层帷幕灌浆、岩石层固结灌浆有效工程量的工程单价中。

（6）灌浆试验费用可根据需要单独列项计价，或将其费用摊入相应灌浆项目有效工程量的工程单价中。

A.8 基础防渗和地基加固工程

A.8.1 概况

基础防渗和地基加固工程共分 9 个子目。

（1）混凝土地下连续墙（500108001×××）。

（2）高压喷射注浆连续防渗墙（500108002×××）。

（3）高压喷射水泥搅拌桩（500108003×××）。

（4）混凝土灌注桩（500108004×××）。

（5）钢筋混凝土预制桩（500108005×××）。

（6）振冲桩加固地基（500108006×××）。

（7）钢筋混凝土沉井（500108007×××）。

（8）钢制沉井（500108008×××）。

（9）其他基础防渗和地基加固工程（500108009×××）。

土类分级，按 GB 50501—2007 表 A.1.2 确定。岩石分级，按 GB 50501—2007 表 A.2.2 和表 A.7.2-1 确定。钻孔地层分类，按 GB 50501—2007 表 A.7.2-2 确定。

A.8.2 工程量及项目编码

A.8.2.1 混凝土地下连续墙（500108001×××）

适用于在砂卵石或松散土地基上建造防渗墙、支护墙、防冲墙、承重墙等。

混凝土地下连续墙的工程量按招标设计图示尺寸计算不同墙厚的有效连续墙体截水面积计量。

项目编码可根据不同部位、不同地层类别、不同墙厚、不同墙深、不同混凝土强度等级等区别自 500108001001 起依次顺序编码。

A.8.2.2 高压喷射注浆连续防渗墙（500108002×××）

适用于对松散透水地基的防渗处理。

高压喷射注浆连续防渗墙的工程量按招标设计图示尺寸计算不同墙厚的有效连续墙体截水面积计量。

项目编码可根据不同部位、不同地层类别、不同墙厚、不同墙深、不同高喷材料材质等区别自 500108002001 起依次顺序编码。

A.8.2.3 高压喷射水泥搅拌桩（500108003×××）

适用于软弱地基加固。

高压喷射水泥搅拌桩的工程量按招标设计图示尺寸计算的有效成孔长度计量。

项目编码可根据不同部位、不同地层类别、不同桩径、不同桩长等区别自 500108003001 超依次顺序编码。

A.8.2.4 混凝土灌注桩（500108004×××）

适用于软弱地基加固。

混凝土灌注桩的工程量按招标设计图示尺寸计算的造孔（沉管）灌注桩灌注混凝土的有效体积（不含灌注于桩顶设计高程以上需要挖去的混凝土）计量。

项目编码可根据不同部位、不同岩土类别、不同桩径、不同桩长、不同混凝土强度等级等区别自 500108004001 起依次顺序编码。

A.8.2.5 钢筋混凝土预制桩（500108005×××）

适用于软弱地基加固。

钢筋混凝土预制桩的工程量按招标设计图示桩径、桩长，以有效根数计量。

项目编码可根据不同部位、不同岩土类别、不同桩径、不同桩长、不同混凝土强度等级等区别自500108005001起依次顺序编码。

A.8.2.6 振冲桩加固地基（500108006×××）

适用于软弱地基加固。

振冲桩加固地基的工程量按招标设计图示尺寸计算的有效振冲成孔长度计量。

项目编码可根据不同部位、不同岩土类别、不同孔径、不同孔深、不同填料种类及材质等区别自500108006001起依次顺序编码。

A.8.2.7 钢筋混凝土沉井（500108007×××）

适用于软弱地基加固。

钢筋混凝土沉井的工程量按符合招标设计图示尺寸需要形成的水面（或地面）以下的有效空间体积计量。

项目编码可根据不同部位、不同岩土类别、不同井径、不同井深、不同井壁厚度等区别自500108007001起依次顺序编码。

A.8.2.8 钢制沉井（500108008×××）

适用于软弱地基加固。

钢制沉井的工程量按符合招标设计图示尺寸需要形成的水面（或地面）以下的有效空间体积计量。

项目编码可根据不同部位、不同岩土类别、不同井径、不同井深、不同井壁厚度等区别自500108008001起依次顺序编码。

A.8.2.9 其他基础防渗和地基加固工程（500108009×××）

指除以上8类（500108001×××至500108008×××）以外的其他基础防渗和地基加固工程。

其他基础防渗和地基加固工程的工程量按招标设计的有效工程量计量。

项目编码可视具体情况，按不同部位、不同基础防渗和地基加固工程等区别自500108009001起依次顺序编码。

A.8.3 清单计价

（1）混凝土地下连续墙包括地质复勘，生产性试验，选定施工工艺及参数，槽段造（钻）孔、泥浆固壁、清孔，混凝土配料、拌和、浇筑，钻取芯样检验等工作。施工过程中的操作损耗等所发生的费用，应摊入有效工程量的工程单价中。地下连续墙施工的导向槽、施工平台以及墙体内预埋灌浆管、墙体内观测仪器（观测仪器的埋设、率定、下设桁架等）及钢筋笼下设（指保护预埋灌浆管的钢筋笼的加工、运输、垂直下设及孔口对接等），另行计量计价。

（2）高压喷射注浆连续防渗墙包括地质复勘、生产性试验、选定施工工艺及参数、钻孔、配制浆液、高压喷射注浆、固结体连接成墙等工作。施工过程中的操作损耗等所发生的费用应摊入有效工程量的工程单价中。

（3）高压喷射水泥搅拌桩包括地质复勘、生产性试验、选定施工工艺及参数、钻孔、配制浆液、高压喷射注浆等工作。施工过程中的操作损耗等所发生的费用应摊入有效工程量的工程单价中。

（4）混凝土灌注桩包括地质复勘、成孔成桩试验、校验施工参数和工艺，埋设孔口装置、泥浆护壁造孔或跟管钻进造孔，清孔，加工、吊放钢筋笼，混凝土配料、拌和、运输，水下混凝土灌注，成桩承载力检验等工作。检验试验、灌注于桩顶设计高程以上需要挖去的混凝土、钻孔（沉管）灌注混凝土的操作损耗等所发生的费用和周转使用沉管的费用，应摊入有效工程量的工程单价中。钢筋笼按钢筋、钢构件加工及安装工程的计量计价规则另行计量计价。

（5）钢筋混凝土预制桩包括地质复勘、选择停锤标准，购置或预制混凝土桩，起吊、运输、存放，打（压）桩、接桩、停锤，桩斜度测量，桩基承载力检验等工作。运桩、打桩和接桩过程中的操作损耗等所发生的费用，应摊入有效工程量的工程单价中。自行预制的预制混凝土桩按预制混凝土工程的计量计价规则另行计量计价后，计入有效工程量的工程单价中。

（6）振冲桩加固地基包括振冲试验、选择施工参数，填料开采、运输、检验，填料振实、逐段加密，桩体密实度和承载力的检验等工作。填料及在振冲造孔填料振密过程中的操作损耗等所发生的费用，应摊入有效工程量的工程单价中。

（7）钢筋混凝土沉井、钢制沉井，包括地质复勘、校验地质资料及持力层特征，制作沉井及刃脚，沉井运输，沉井定位、挖井内泥土、沉井下沉、抽排地下水，浇筑封底混凝土（于封底或水下浇筑混凝土）等工作。施工过程中清基或水中筑捣、操作损耗等所发生的费用，应摊入有效工程量的工程单价中。

A.9 混凝土工程

A.9.1 概况

混凝土工程共分11个子目。

（1）普通混凝土（500109001×××）。

（2）碾压混凝土（500109002×××）。

（3）水下浇筑混凝土（500109003×××）。

（4）模袋混凝土（500109004×××）。

（5）预应力混凝土（500109005×××）。

（6）二期混凝土（500109006×××）。

（7）沥青混凝土（500109007×××）。

（8）止水工程（500109008×××）。

（9）伸缩缝（500109009×××）。

（10）混凝土凿除（500109010×××）。

（11）其他混凝土工程（500109011×××）。

A.9.2 工程量及项目编码

A.9.2.1 普通混凝土（500109001×××）

适用于坝、堤、堰、梁、板、柱、墙、排架、墩、台、屋面及衬砌混凝土等。

普通混凝土的工程量按招标设计图示尺寸计算的有效实体方体积计量。

项目编码可根据不同部位、不同龄期、不同强度等级、不同级配、不同抗渗、抗冻、抗磨等区别自500109001001起依次顺序编码。

A.9.2.2 碾压混凝土（500109002×××）

适用于坝、堤、围堰等。

碾压混凝土的工程量按招标设计图示尺寸计算的有效实体方体积计量。

项目编码可根据不同部位、不同龄期、不同强度等级、不同级配、不同抗渗、抗冻等区别自500109002001起依次顺序编码。

A.9.2.3 水下浇筑混凝土（500109003×××）

适用于水下围堰、水下防渗墙、水下墩台基础、水下建筑物修补等。

水下浇筑混凝土的工程量按招标设计图示浇筑前后水下地形变化计算的有效体积计量。

项目编码可根据不同部位、不同强度等级、不同级配等区别自500109003001起依次顺序编码。

A.9.2.4 模袋混凝土（500109004×××）

适用于渠道边坡防护、河岸护坡、水下建筑物修补等。

模袋混凝土的工程量按招标设计图示尺寸计算的有效实体方体积计量。

项目编码可根据不同部位、不同膜袋规格、不同强度等级、不同级配等区别自500109004001起依次顺序编码。

A.9.2.5 预应力混凝土（500109005×××）

适用于预应力闸墩，预应力梁、柱、渡槽等。

预应力混凝土的工程量按招标设计图示尺寸计算的有效实体方体积计量。钢筋、锚索、钢管、钢构件、埋件等所占用的空间体积不予扣除。

项目编码可根据不同部位、不同张拉等级、不同强度等级、不同级配等区别自500109005001起依次顺序编码。

A.9.2.6 二期混凝土（500109006×××）

适用于机电和金属结构设备基础埋件（如蜗壳、闸门槽等）的二期混凝土及预留宽槽、封闭块的混凝土等。

二期混凝土的工程量按招标设计图示尺寸计算的有效实体方体积计量。钢筋和埋件等所占用的空间不予扣除。

项目编码可根据不同部位、不同强度等级、不同级配等区别自500109006001起依次顺序编码。

A.9.2.7 沥青混凝土（500109007×××）

适用于土石坝、蓄水池等的碾压式沥青混凝土防渗结构。

沥青混凝土按招标设计防渗心墙及防渗面板的防渗层、整平胶结层和加厚层沥青混凝土图示尺寸计算的有效体积计量，封闭层按招标设计图示尺寸计算的有效面积计量。

项目编码可根据不同部位、不同沥青混凝土配合比等区别自500109007001起依次顺序编码。

A.9.2.8 止水工程（500109008×××）

适用于水工建筑物。

止水工程的工程量按招标设计图示尺寸计算的有效长度计量。

项目编码可根据不同部位、不同止水材料、不同规格等区别自500109008001起依次顺序编码。

A.9.2.9 伸缩缝（500109009×××）

适用于水工建筑物。

伸缩缝的工程量按招标设计图示尺寸计算的有效面积计量。

项目编码可根据不同部位、不同填料种类等区别自500109009001起依次顺序编码。

A.9.2.10 混凝土凿除（500109010×××）

适用于各部位混凝土。

混凝土凿除的工程量按招标设计图示凿除范围内的实体方体积计量。

项目编码可根据不同部位、断面尺寸等区别自500109010001起依次顺序编码。

A.9.2.11 其他混凝土工程（500109011×××）

指除以上10类（500109001×××至500109010×××）以外的其他混凝土工程。

其他混凝土工程的工程量按招标设计的有效工程量计量。

项目编码可视具体情况，按不同部位、不同混凝土工程等区别自500109011001起依次顺序编码。

A.9.3 清单计价

（1）普通混凝土包括冲（凿）毛、冲洗、清仓、铺水泥砂浆，维护并保持仓内模板、钢筋及预埋件的准确位置，混凝土配料、拌和、运输、平仓、振捣、养护，取样检验等工作。施工过程中由于超挖引起的超填量，冲（凿）毛、拌和、运输和浇筑过程中的操作损耗所发生的费用，应摊入有效工程量的工程单价中。混凝土配合比试验费另行计量计价。

（2）碾压混凝土包括冲（刷）毛、冲洗、清仓、铺水泥砂浆，混凝土配料、拌和、运输、平仓、碾压、养护，切缝，取样检验等工作。施工过程中由于超挖引起的超填量，冲（刷）毛、拌和、运输和碾压过程中的操作损耗所发生的费用，应摊入有效工程量的工程单价中。碾压混凝土配合比试验和生产性碾压试验的费用另行计量计价。

（3）水下浇筑混凝土包括清基、测量浇筑前的水下地形，混凝土配料、拌和、运输，直升导管法连续浇筑，测量浇筑后水下地形，计算工程量，钻取芯样检验等工作。拌和、运输和浇筑过程中的操作损耗所发生的费用，应摊入有效工程量的工程单价中。

（4）模袋混凝土包括膜袋加工，膜袋铺设，混凝土配料、拌和、运输、灌注，取样检查等工作。施工过程中的操作损耗等所发生的费用，应摊入有效工程量的工程单价中。

（5）预应力混凝土包括冲（凿）毛、冲洗，锚索及其附件加工、运输、安装，维护并保持模板、钢筋、锚索及预埋件的准确位置，混凝土配料、拌和、运输、振捣，养护，预应力钢筋的张拉实验及张拉、灌浆封闭等工作。锚索及其附件的加工、运输、安装、张拉、注浆封闭、混凝土浇筑过程中操作损耗等所发生的费用，应摊入有效工程量的工程单价中。预应力混凝土中固定锚索位置的钢管等所发生的费用，应分别摊入相应混凝土有效工程量的工程单价中。

（6）二期混凝土包括凿毛、清洗，维护并保持安装件的准确位置，混凝土配料、拌和、运输、振捣、养护等工作。拌和、运输和浇筑过程中的操作损耗所发生的费用，应摊入有效工程量的工程单价中。

（7）沥青混凝土包括原料加热，配料及拌和，保温运输、摊铺和碾压，施工接缝及层间处理、封闭层施工，取样检验等工作。施工过程中由于超挖引起的超填量及拌和、运输和摊铺碾压过程中的操作损耗所发生的费用，应摊入有效工程量的工程单价中。室内试验、现场试验和生产性能试验的费用另行计量计价。

（8）止水工程包括制作、安装、维护等工作。止水片的搭接长度、加工及安装过程操作损耗等所发生的费用应摊入有效工程量的工程单价中。

（9）伸缩缝包括制作、安装、维护等工作。缝中填料及其在加工及安装过程中的操作损耗所发生的费用，应摊入有效工程量的工程单价中。

（10）混凝土凿除包括混凝土凿除、凿除面的清洗，弃渣运输，周围建筑物保护等工作。

A.9.4 其他

（1）计算混凝土有效工程量时，不扣除设计单位体积小于 $0.1m^3$ 的圆角或斜角、单体占用的空间体积小于 $0.1m^3$ 的钢筋和金属件、单体横截面及小于 $0.1m^3$ 的孔洞、排水管、预埋管和凹槽等所占的体积，按设计要求对上述孔洞回填的混凝土也不重复计量。

（2）温控混凝土中的温控措施费应摊入相应温控混凝土的工程单价中。预埋冷却水管、通冷水等所发生的费用，应分别摊入相应混凝土有效工程量的工程单价中。

（3）混凝土冬季施工中对原材料（如砂石料）加温、热水拌和、成品混凝土的保温等措施所发生的机动施工增加费应包含在相应混凝土的工程单价中。

（4）混凝土拌和与浇筑分属两个投标人时，价格分界点按招标文件的规定执行。

（5）当开挖与混凝土浇筑分属两个投标人时，混凝土工程按开挖实测断面计算工程量，相应由于超挖引起的超填量所发生的费用，不应摊入混凝土有效工程量的工程单价中。

（6）招标人如要求将模板使用费摊入混凝土工程单价中，各摊入模板使用费的混凝土工程单价应包括模板周转使用摊销费。

（7）洞内混凝土浇筑运输一般情况下应按洞外装运、洞内增运方式计价。

A.10 模 板 工 程

A.10.1 概况

模板工程共分4个子目录。

（1）普通模板（500110001×××）。

（2）滑动模板（500110002×××）。

（3）移置模板（500110003×××）。

（4）其他模板工程（500110004×××）。

A.10.2 工程量及项目编码

A.10.2.1 普通模板（500110001×××）

适用于浇筑混凝土的普通模板。

普通模板的工程量按招标设计图示建筑物体形、浇筑分块和跳块顺序要求所需有效立模面积计量。

项目编码可根据不同部位、不同模板类型、不同材质、不同支撑形式等区别自500110001001起依次顺序编码。

A.10.2.2 滑动模板（500110002×××）

适用于溢流面、混凝土面板、闸墩、立柱、竖井等的滑动模块。

滑动模板的工程量按招标设计图示建筑物体形、浇筑分块和跳块顺序要求所需有效立模面积计量。

项目编码可根据不同部位、不同模板结构尺寸等区别自500110002001起依次顺序编码。

A.10.2.3 移置模板（500110003×××）

适用于模板台车、针梁模板、爬升模板等。

移置模板的工程量按招标设计图示建筑物体形、浇筑分块和跳块顺序要求所需有效立模面积计量。

项目编码可根据不同部位、不同模板类型、不同模板结构尺寸等区别自500110003001起依次顺序编码。

A.10.2.4 其他模板工程（500110004×××）

指除以上3类（500110001×××至500110003×××）以外的其他模板工程。

其他模板工程的工程量按招标设计的有效工程量计量。

项目编码可视具体情况，按不同部位、不同模板工程等区别自500110004001起依次顺序编码。

A.10.3 清单计价

普通模板、滑动模板、移置模板，包括模板制作、组装、运输、安装、运行维护、拆卸、修理、周转使用，刷模板保护涂料、脱模剂等工作。模板面板和支撑构件的制作、组装、运输、安装、埋设、拆卸及修理过程中操作损耗等所发生的费用，应摊入有效工程量的工程单价中。模板工程单价中只计入模板的周转使用摊销费，并考虑残值回收。

A.10.4 其他

（1）模板工程中的普通模板包括平面模板、曲面模板、异形模板、预制混凝土模板等，其他模板包括装饰模板等。

（2）立模面积为混凝土与模板的接触面积，坝体纵、横缝键槽模板的立模面积按各立模面在竖直面上的投影面积计算（即与无键槽的纵、横缝立模面积计算相同）。

（3）模板按招标设计的混凝土建筑物（包括碾压混凝土和沥青混凝土）结构体形、浇筑分块和跳块顺序要求所需有效立模面积计量。不与混凝土面接触的模板面积不予计量，其费用应摊入到相应模板有效工程量的工程单价中。

（4）不构成混凝土永久结构、作为模板周转使用的预制混凝土模板，应计入吊运、吊装的费用。构成永久结构的预制混凝土模板，按预制混凝土构件计量计价。

（5）模板制作安装中所用钢筋、小型钢构件，应摊入应模板有效工程量的工程单价中。

（6）模板工程结算的工程量，按实际完成进行周转使用的有效立模面积计算。

A.11 钢筋、钢构件加工及安装工程

A.11.1 概况

钢筋、钢构件加工及安装工程共分2个子目。

（1）钢筋加工及安装（500111001×××）。

（2）钢构件加工及安装（500111002×××）。

A.11.2 工程量及项目编码

A.11.2.1 钢筋加工及安装（500111001×××）

适用于钢筋混凝土中的钢筋、喷混凝土（浆）中的钢筋网、砌筑体中的拉结筋等。

钢筋加工及安装的工程量按招标设计图示尺寸计算的有效重量计量。

项目编码可根据不同部位、不同钢筋牌号、不同型号规格等区别自500111001001起依次顺序编码。

A.11.2.2 钢构件加工及安装（500111002×××）

适用于小型钢构件、埋件。

钢构件加工及安装的工程量按招标设计图示尺寸计算的有效重量计量。

项目编码可根据不同部位、不同钢筋牌号、不同型号规格等区别自500111002001起依次顺序编码。

A.11.3 清单计价

（1）钢筋加工及安装包括钢筋机械性能试验，除锈、调直、加工、绑扎、丝扣连接（焊接）、安装等工作。施工架立筋、搭接、焊接、套筒连接、加工及安装过程中操作损耗等所发生的费用，应摊入有效工程量的工程单价中。

（2）钢构件加工及安装包括钢筋机械性能试验，除锈、调直、加工、焊接、安装、埋设等工作。施工架立件、搭接、焊接、套筒连接、加工及安装过程中操作损耗等所发生的费用，应摊入有效工程量的工程单价中。

A.11.4 其他

（1）钢构件加工及安装有效重量中不扣减切肢、切边和孔眼的重量，不增加电焊条、铆钉和螺栓的重量。

（2）喷混凝土中的钢筋网可按钢筋加工及安装工程计量计价。

A.12　预制混凝土工程

A.12.1　概况

预制混凝土工程共分 6 个子目。

（1）预制混凝土构件（500112001×××）。

（2）预制混凝土模板（500112002×××）。

（3）预制预应力混凝土构件（500112003×××）。

（4）预应力钢筒混凝土（PCCP）输水管道安装（500112004×××）。

（5）混凝土预制件吊装（500112005×××）。

（6）其他预制混凝土工程（500112006×××）。

A.12.2　工程量及项目编码

A.12.2.1　预制混凝土构件（500112001×××）

适用于梁、板、拱、块、桩、渡槽、排架等。

预制混凝土构件的工程量按招标设计图示尺寸计算的有效实体方体积计量。

项目编码可根据不同部位、不同混凝土强度等级、不同构件结构尺寸等区别自 500112001001 起依次顺序编码。

A.12.2.2　预制混凝土模板（500112002×××）

适用于周转使用的预制混凝土模板。

预制混凝土楼板的工程量按招标设计图示尺寸计算的有效实体方体积计量。

项目编码可根据不同用途、不同混凝土强度等级、不同模板结构尺寸等区别自 500112002001 起依次顺序编码。

A.12.2.3　预制预应力混凝土构件（500112003×××）

适用于预应力混凝土桥梁等。

预制预应力混凝土构件的工程量按招标设计图示尺寸计算的有效实体方体积计量。

项目编码可根据不同用途、不同混凝土强度等级、不同构件结构尺寸、不同预应力强度等区别自 500112003001 起依次顺序编码。

A.12.2.4　预应力钢筒混凝土（PCCP）输水管道安装（500112004×××）

适用于埋地铺设的承受较高水压力的预应力钢筒混凝土（PCCP）输水管道。

预应力钢筒混凝土（PCCP）输水管道安装的工程量按招标设计图示尺寸计算的有效安装长度计量。

项目编码可根据不同部位、不同构件结构尺寸、不同预应力强度等区别自 500112004001 起依次顺序编码。

A.12.2.5　混凝土预制件吊装（500112005×××）

适用于具有一定安装高度的预制混凝土构件。

混凝土预制件吊装的工程量按招标设计要求，以安装预制件的体积计量。

项目编码可根据不同部位、不同构件结构尺寸、不同重量等区别自 500112005001

起依次顺序编码。

A.12.2.6 其他预制混凝土工程（500112006×××）

指除以上5类（500112001×××至500112005×××）以外的其他预制混凝土工程。

其他预制混凝土工程的工程量按招标设计的有效工程量计量。

项目编码可视具体情况，按不同部位、不同预制混凝土工程等区别自500112006001起依次顺序编码。

A.12.3 清单计价

（1）预制混凝土构件、预制混凝土模板，包括立模、绑（焊）筋、清洗仓面，维护并保持模板、钢筋、预埋件的准确位置，混凝土配料、拌和、浇筑、养护，成品检验、吊运、堆存备用等工作。预制混凝土模板价格包括预制、预制场内吊运、堆存等发生的全部费用。

（2）预制预应力混凝土构件包括立模、绑（焊）筋及穿索钢管的安装定位，混凝土配料、拌和、浇筑、养护，锚索及附件加工安装，张拉、封孔注浆、封闭锚头，成品检验、吊运、堆存备用等工作。预制预应力混凝土构件价格包括预制（含锚索张拉）、预制场内吊运、堆存等发生的全部费用。

（3）预应力钢筒混凝土（PCCP）输水管道安装包括试吊装，安装基础验收，起吊装车、运输、吊装就位，检查及清扫管材，上胶圈、对口、调直、牵引，管件、阀门安装，阀门井砌筑，管道试压等工作。

（4）混凝土预制件吊装包括试吊装，安装基础验收，起吊装车、运输、吊装就位、撑拉固定，填缝灌浆，复检、焊接等工作。运输费用包括混凝土预制件从预制件成品堆存点至吊装就位点的水平运输和垂直运输费用。

（5）预制混凝土工程中的模板、钢筋、埋件、预应力锚索及附件、加工及安装过程中操作损耗等所发生的费用，应摊入有效工程量的工程单价中。

A.12.4 其他

（1）构成永久结构混凝土工程有效实体、不周转使用的预制混凝土模板，按预制混凝土构件计量。

（2）预制混凝土工程计算有效体积时，不扣除埋设于构件体内的埋件、钢筋、预应力锚索及附件等所占体积。

A.13 原料开采及加工工程

A.13.1 概况

原料开采及加工工程共分9个子目。

（1）黏性土料（500113001×××）。

（2）天然砂料（500113002×××）。

（3）天然卵石料（500113003×××）。

（4）人工砂料（500113004×××）。

（5）人工碎石料（500113005×××）。

（6）块（堆）石料（500113006×××）。

（7）条（料）石料（500113007×××）。

（8）混凝土半成品料（500113008×××）。

（9）其他原料开采及加工工程（500113009×××）。

土方开挖的土类分级，按GB 50501—2007表A.1.2确定。石方开挖的岩石分级，按GB 50501—2007表A.2.2确定。

A.13.2 工程量及项目编码

A.13.2.1 黏性土料（500113001×××）

适用于防渗心（斜）墙等的填筑土料。

黏性土料开采及加工的工程量按招标设计文件要求的有效成品料体积计量。

项目编码可根据不同料源自500113001001起依次顺序编码。

A.13.2.2 天然砂料（500113002×××）

适用于混凝土、砂浆的骨料，反滤料、垫层料等。

天然砂料开采及加工的工程量按招标设计文件要求的有效成品料重量（体积）计量。

项目编码可根据不同料源自500113002001起依次顺序编码。

A.13.2.3 天然卵石料（500113003×××）

适用于混凝土骨料，反滤料、垫层料等。

天然卵石料开采及加工的工程量按招标设计文件要求的有效成品料重量（体积）计量。

项目编码可根据不同料源自500113003001超依次顺序编码。

A.13.2.4 人工砂料（500113004×××）

适用于混凝土、砂浆的骨料，反滤料、垫层料等。

人工砂料开采及加工的工程量按招标设计文件要求的有效成品料重量（体积）计量。

项目编码可根据不同料源、不同岩石级别等区别自500113004001起依次顺序编码。

A.13.2.5 人工碎石料（500113005×××）

适用于混凝土骨料、反滤料、垫层料等。

人工碎石料开采及加工的工程量按招标设计文件要求的有效成品料重量（体积）计量。

项目编码可根据不同料源、不同岩石级别等区别自500113005001起依次顺序编码。

A.13.2.6 块（堆）石料（500113006×××）

适用于坝、堤、堰填筑以及挡墙、闸（桥）墩、护坡、护底、防浪墙等。

块（堆）石料开采及加工的工程量按招标设计文件要求的有效成品料体积计量。

项目编码可根据不同料源、不同岩石级别等区别自500113006001起依次顺序编码。

A.13.2.7 条（料）石料（500113007×××）

适用于挡墙、闸（桥）墩、护坡、护底、防浪墙等。

条（料）石料开采及加工的工程量按招标设计文件要求的有效清料方体积计量。

项目编码可根据不同料源、不同岩石级别、不同规格等区别自 500113007001 超依次顺序编码。

A. 13. 2. 8 混凝土半成品料（500113008×××）

适用于各类混凝土。

混凝土半成品料加工的工程量按招标设计文件要求的混凝土拌和系统出机口的混凝土体积计量。

项目编码可根据不同混凝土强度等级、不同配合比、不同出机口温度等区别自 500113008001 起依次顺序编码。

A. 13. 2. 9 其他原料开采及加工工程（500113009×××）

指除以上 8 类（500113001×××至 500113008×××）以外的其他原料开采及加工工程。

其他原料开采及加工工程的工程量按招标设计的有效工程量计量。

项目编码可视具体情况，按不同部位、不同原料开采及加工工程等区别自 500113009001 起依次顺序编码。

A. 13. 3 清单计价

（1）黏性土料包括清除植被、开采运输、改善土料特性、堆存、弃料处理等工作。料场查勘及试验费用，清除植被层与弃料处理费用，开采、运输、加工、堆存过程中的操作损耗等所发生的费用，应摊入有效工程量的工程单价中。

（2）天然砂料、天然卵石料，包括清除覆盖层，原料开采运输，筛分、清洗，级配平衡及破碎，成品运输、分类堆存，弃料处理等工作。料场查勘及试验费用，清除覆盖层与弃料处理费用，开采、运输、加工、堆存过程中的操作损耗等所发生的费用，应摊入有效工程量的工程单价中。

（3）人工砂料、人工碎石料，包括清除覆盖层，钻孔爆破，安全处理，解小、清面，原料装、运、卸，破碎、筛分、清洗，成品运输、分类堆存，弃料处理等工作。料场查勘及试验费用，清除覆盖层与弃料处理费用，开采、运输、加工、堆存过程中的操作损耗等所发生的费用，应摊入有效工程量的工程单价中。

（4）块（堆）石料包括清除覆盖层，钻孔、爆破，安全处理，解小、清面，原料装、运、卸，成品运输、堆存，弃料处理等工作。料场查勘及试验费用，清除覆盖层与弃料处理费用，开采、运输、加工、堆存过程中的操作损耗等所发生的费用，应摊入有效工程量的工程单价中。

（5）条（料）石料包括清除覆盖层，人工开采，清凿，成品运输、堆存，弃料处理等工作。料场查勘及试验费用，清除覆盖层与弃料处理费用，开采、运输、加工、堆存过程中的操作损耗等所发生的费用，应摊入有效工程量的工程单价中。

（6）混凝土半成品料包括配料和拌和，如需温控要求还要包括混凝土拌制过程中的温控措施等工作。加工过程中的配料、拌和损耗等发生的费用，应摊入有效工程量的工程单价中。

A.13.4 其他

（1）采挖、堆料区域的边坡、地面和弃料场的整治费用，按招标设计要求计算。

（2）若原料开采及加工工程和主体工程同属一个投标人时，则原料开采及加工工程不单独列项计价，其费用应摊入到主体工程有效工程量的工程单价中。若原料开采及加工标段供应其他标段商品原料时，原料开采及加工工程应按招标文件规定进行计量计价。

（3）直接利用开挖料作为混凝土骨料或填筑料的原料时，开挖料进入骨料加工系统进料仓或填筑工作面以前的开采运输费用，不计入混凝土骨料或填筑料的原料费中。

（4）计算混凝土半成品材料价格时，如混凝土系统设有骨料调节料仓，则应包括骨料调节料仓至拌和系统骨料仓以及拌和系统骨料仓至拌和系统的运输费用。如未设骨料调节料仓，则应包括砂石成品料堆存点至拌和系统的运输费用。喷混凝土一般为现场拌制，所用砂石料价格应计入自成品料堆存点至现场搅拌机进料口的运输费用。

A.14 其他建筑工程

A.14.1 概况

其他建筑工程共分2个子目。

（1）其他永久建筑工程（500114001×××）。

（2）其他临时建筑工程（500114002×××）。

指A.1土方开挖工程至A.13原料开采及加工工程未涵盖的其他建筑工程项目，如厂房装修工程，水土保持、环境保护工程中的林草工程等，均可归集到其他建筑工程项目中。

A.14.2 工程量及项目编码

其他建筑工程可视项目的实体特征确定计量单位，也可按项为单位计量。

A.14.2.1 其他永久建筑工程（500114001×××）

属于永久建筑工程的其他建筑工程项目，项目编码自500114001001起依次顺序编码。

A.14.2.2 其他临时建筑工程（500114002×××）

属于临时建筑工程的其他建筑工程项目，项目编码自500114002001起依次顺序编码。

A.14.3 清单计价

其他建筑工程根据项目的组成内容组合工程单价，也可采用扩大单位指标计价。

附录B

某水利工程工程量清单报价文件

投　标　总　价

__________（工程名称）__________（标段名称）

合同编号：____________________________________

投标总价人民币（大写）：__________________元

（¥）：__________________元

工程项目总价表

合同编号：SLGC-2023-001

工程名称：××水利工程总干渠Ⅳ标

序号	工程项目名称	金额/元
一	分类分项工程	
二	措施项目	
三	其他措施项目	
	合　　计	

分类分项工程量清单计价表

合同编号：SLGC-2023-001

工程名称：××水利工程总干Ⅳ标

序号	项目编码	项目名称	计量单位	工程数量	单价/元	合价/元	备注
1		建筑工程					
1.1		渠道建筑工程（1组）					
1.1.1		渠道土方工程					
1.1.1.1	500101002001	土方开挖	m^3	1634824			
1.1.1.2	500103001001	渠堤土方填筑	m^3	159205			
1.1.2		渠道衬砌					
1.1.2.1	500109001001	C20W6F150渠坡现浇混凝土衬砌	m^3	18363			
1.1.2.2	500109001002	C20W6F150渠底现浇混凝土衬砌	m^3	8931			
1.1.2.3	500109001003	C20W6F150现浇混凝土封顶板	m^3	285			
1.1.2.4	500109001004	C20W6F150坡脚混凝土齿墙	m^3	1425			
1.1.2.5	500109001005	C20W6F150下渠台阶混凝土	m^3	78			
1.1.2.6	500109009001	密封胶填缝	m^3	29.7			
1.1.2.7	500114001001	聚乙烯闭孔泡沫板（密度≥90kg/m^3）	m^3	81			
1.1.2.8	500103014001	复合土工膜（两布一膜150g/m^2-0.3mm-150g/m^2）	m^2	317109			
1.1.2.9	500114001002	聚苯乙烯保温板（XPS）	m^3	3791			
1.1.3		排水工程					
1.1.3.1	500101004001	集水暗管沟槽土方开挖	m^3	3561			
1.1.3.2	500103007001	粗砂铺填	m^3	3168			
1.1.3.3	500114001003	Φ150集水暗管（软式透水管）	m	22255			
1.1.3.4	500114001004	渠坡拍门式逆止阀	个	604			
1.1.3.5	500114001005	渠底球形逆止阀	个	302			
1.1.3.6	500114001006	逆止阀连接三通（UPVC）	个	906			
1.1.3.7	500114001007	逆止阀连接管（UPVC）	m	453			
1.1.3.8	500114001008	Φ150连接三通（UPVC）	个	596			
1.1.3.9	500114001009	Φ150连接四通（UPVC）	个	310			
1.1.4		渠坡防护工程					
1.1.4.1		一般坡面防护					
1.1.4.1.1	500101004002	沟槽土方开挖	m^3	3347			
1.1.4.1.2	500112001001	C15混凝土矩形排水沟预制安装	m^3	1327			
1.1.4.1.3	500112001002	C20混凝土马道盖板预制安装	m^3	24			
1.1.4.1.4	500112001003	C15混凝土六角框格护坡预制安装	m^3	146			
1.1.4.1.5	500114001010	护坡植草（含框格内填土）	m^2	25946			

续表

序号	项目编码	项目名称	计量单位	工程数量	单价/元	合价/元	备注
1.1.4.1.6	500111001001	钢筋制安	t	1.6			
1.1.4.2		外坡防冲坡面防护					
1.1.4.2.1	500105001001	干砌石护坡	m^3	639			
1.1.4.2.2	500103007002	碎石垫层	m^3	213			
1.1.4.2.3	500105003001	M7.5浆砌石	m^3	226			
1.1.4.3		渗控					
1.1.4.3.1	500103005001	砂砾料反滤层（粒径1～20mm）	m^3	59605			
1.1.4.3.2	500105001002	干砌石	m^3	1421			
1.1.4.3.3	500103014002	土工布（$400g/m^2$）	m^2	4737			
1.1.5		特殊土处理工程					
1.1.5.1		湿陷性黄土处理					
1.1.5.1.1	500108009001	强夯（2000kN·m）	m^2	43965			
1.1.5.1.2	500108009002	重夯（270kN·m）	m^2	24873			
1.1.5.1.3	500103016001	夯沉土方回填	m^3	47608			
1.1.5.1.4	500108009003	挤密土桩（Φ400）	m^3	9570			
1.1.6		截（导）流沟工程					
1.1.6.1	500101002002	土方开挖	m^3	17029			
1.1.6.2	500105001003	干砌石	m^3	3011			
1.1.7		防护堤工程					
1.1.7.1	500114001011	清基	m^3	12534			
1.1.7.2	500103001002	土方填筑	m^3	59009			
1.1.7.3	500105001004	干砌石	m^3	2866			
1.1.7.4	500103007003	砂砾石垫层	m^3	955			
1.1.7.5	500105003002	M7.5浆砌石	m^3	1500			
1.1.7.6	500114001012	护坡植草（含框格内填土）	m^2	29967			
1.1.7.7	500112001004	C15混凝土六角框格护坡预制安装	m^3	348			
1.1.8		安全防护工程					
1.1.8.1	500114001013	隔离网	m	9501			
1.1.8.2	500114001014	防护林带	m^2	69151			
1.1.9		运行维护道路、绕行道路工程					
1.1.9.1	500109007001	沥青混凝土道路（中粒式沥青混凝土AC-16I厚度5cm，乳化沥青封层6mm，碎石基层厚度10cm，三七灰土厚度20cm）	m^2	23401			

续表

序　号	项目编码	项　目　名　称	计量单位	工程数量	单价/元	合价/元	备注
1.1.9.2	500114001015	泥结碎石路面（厚20cm，土含量不得大于15%，土料塑性指数18～27，石料压碎值小于35）	m^2	19001			
1.1.9.3	500112001005	C15混凝土马道路缘石预制安装	m^3	690			
1.2		河渠建筑工程					
1.2.1		沂水河渠道倒虹吸					
1.2.1.1		沂水河渠道倒虹吸进口段（2组）					
1.2.1.1.1		土石方工程					
1.2.1.1.1.1	500101002003	土方开挖	m^3	45410			
1.2.1.1.1.2	500103001003	土方回填	m^3	22207			
1.2.1.1.2		混凝土工程					
1.2.1.1.2.1	500103007004	C10混凝土垫层	m^3	322			
1.2.1.1.2.2	500109001006	C20W6F150混凝土护坡护底	m^3	697			
1.2.1.1.2.3	500109001007	C20W6F150混凝土翼墙	m^3	3742			
1.2.1.1.2.4	500109001008	C25W6F150混凝土闸墩	m^3	1831			
1.2.1.1.2.5	500109001009	C25W6F150混凝土闸底板	m^3	1741			
1.2.1.1.2.6	500109001010	C30F150混凝土排架	m^3	293			
1.2.1.1.2.7	500109001011	C30F150混凝土检修桥、工作桥	m^3	52			
1.2.1.1.2.8	500112001006	C30F150混凝土交通桥板预制安装	m^3	54			
1.2.1.1.2.9	500109001012	C30F150混凝土桥面铺装层	m^3	28			
1.2.1.1.2.10	500109001013	C25W6F150混凝土门库侧墙	m^3	345			
1.2.1.1.2.11	500109001014	C25W6F150混凝土门库底板	m^3	79			
1.2.1.1.2.12	500112001007	C30W6F150混凝土预制门库盖板预制安装	m^3	7			
1.2.1.1.2.13	500109001015	C30W6F150门槽二期混凝土	m^3	38			
1.2.1.1.2.14	500111001002	钢筋制作安装	t	519.1			
1.2.1.1.3		其他工程					
1.2.1.1.3.1	500109008001	紫铜片止水（宽500mm，厚1.2mm）	m	714			
1.2.1.1.3.2	500109008002	橡胶止水（宽352mm，厚10mm）	m	218			
1.2.1.1.3.3	500111002001	Φ50钢管栏杆（壁厚3.5mm）	t	4			
1.2.1.1.3.4	500109007002	沥青混凝土道路（中粒式沥青混凝土AC-16I厚度5cm，乳化沥青封层6mm，碎石基层厚度10cm，三七灰土厚度20cm）	m^2	6673			
1.2.1.1.3.5	500109009002	密封胶填缝	m^3	0.4			
1.2.1.1.3.6	500114001016	聚乙烯闭孔泡沫板（密度≥120kg/m^3，厚度20mm）	m^3	26			

续表

序　号	项目编码	项　目　名　称	计量单位	工程数量	单价/元	合价/元	备注
1.2.1.1.3.7	500114001017	逆止式排水器（拍门式）	个	56			
1.2.1.1.3.8	500114001018	Φ250 集水暗管（软式透水管）	m	579			
1.2.1.1.3.9	500114001019	PVC 排水管（Φ110mm，壁厚 2.3mm）	m	168			
1.2.1.1.3.10	500114001020	隔离网	m	239			
1.2.1.1.3.11	500108009004	进口墙后 10%水泥土填筑	m^3	1109			
1.2.1.1.3.12	500108009005	进口段级配碎石反滤体	m^3	94			
1.2.1.1.4		基础处理					
1.2.1.1.4.1	500108009006	CFG 桩（桩径 50cm，单桩长 12m）	m^3	733			
1.2.1.1.4.2	500103007005	碎石褥垫层（200mm，厚 5～20mm，级配碎石）	m^3	249			
1.2.1.2		退水闸（3 组）					
1.2.1.2.1		土石方工程					
1.2.1.2.1.1	500101002004	土方开挖	m^3	137173			
1.2.1.2.1.2	500103001004	土方回填	m^3	62174			
1.2.1.2.2		砌石工程					
1.2.1.2.2.1	500105003003	M7.5 浆砌石护坡	m^3	5324			
1.2.1.2.2.2	500105003004	M7.5 浆砌石护底	m^3	218			
1.2.1.2.2.3	500105003005	M7.5 浆砌石翼墙	m^3	882			
1.2.1.2.2.4	500103007006	碎石垫层	m^3	353			
1.2.1.2.2.5	500103007007	粗砂垫层	m^3	353			
1.2.1.2.2.6	500103010001	防冲槽堆石	m^3	133			
1.2.1.2.2.7	500103005002	级配碎石反滤体	m^3	323			
1.2.1.2.3		混凝土工程					
1.2.1.2.3.1	500103007008	C10 混凝土垫层	m^3	516			
1.2.1.2.3.2	500109001016	C20W6F150 混凝土护坡护底	m^3	3381			
1.2.1.2.3.3	500109001017	C20W6F150 混凝土翼墙及 U 槽	m^3	4042			
1.2.1.2.3.4	500109001018	C25W6F150 混凝土闸墩	m^3	414			
1.2.1.2.3.5	500109001019	C25W6F150 混凝土闸底板	m^3	246			
1.2.1.2.3.6	500109001020	C30W6F150 检修闸胸墙	m^3	22			
1.2.1.2.3.7	500109001021	C30F150 混凝土排架	m^3	44			
1.2.1.2.3.8	500109001022	C30F150 混凝土检修桥、工作桥	m^3	11			
1.2.1.2.3.9	500112001008	C30F150 混凝土交通桥板预制安装	m^3	12			
1.2.1.2.3.10	500109001023	C30F150 混凝土桥面铺装层	m^3	6			
1.2.1.2.3.11	500111001003	钢筋制作安装	t	352.4			
1.2.1.2.4		其他工程					

续表

序　号	项目编码	项　目　名　称	计量单位	工程数量	单价/元	合价/元	备注
1.2.1.2.4.1	500109008003	紫铜片止水（宽500mm，厚1.2mm）	m	257			
1.2.1.2.4.2	500109008004	橡胶止水（宽352mm，厚10mm）	m	257			
1.2.1.2.4.3	500103014003	土工布铺设（400g/m²）	m²	4314			
1.2.1.2.4.4	500111002002	Φ50钢管栏杆（壁厚3.5mm）	t	5			
1.2.1.2.4.5	500109007003	沥青混凝土道路[中粒式沥青混凝土AC-16I，厚度5cm，6%水泥稳定碎石基层厚度10cm，水泥石灰稳定土基层（3∶12∶85），厚度20cm]	m²	3707			
1.2.1.2.4.6	500109009003	密封胶填缝	m³	0.5			
1.2.1.2.4.7	500114001021	聚乙烯闭孔泡沫板（密度≥120kg/m³，厚度20mm）	m³	27			
1.2.1.2.4.8	500114001022	逆止式排水器（拍门式）	个	140			
1.2.1.2.4.9	500114001023	Φ250集水暗管（软式透水管）	m	295			
1.2.1.2.4.10	500114001024	PVC排水管（Φ110mm，壁厚2.3mm）	m	2294			
1.2.1.2.4.11	500114001025	隔离网	m	253			
1.2.1.2.4.12	500103014004	复合土工膜（两布一膜150kg/m²-0.3mm-150kg/m²）	m²	8748			
1.2.1.2.4.13	500114001026	聚苯乙烯保温板（XPS）	m²	5692			
1.2.1.2.5		基础处理					
1.2.1.2.5.1	500108009007	CFG桩（桩径50cm，单桩长7m）	m³	522			
1.2.1.2.5.2	500103007009	碎石褥垫层（200mm，厚5～20mm，级配碎石）	m³	76			
1.2.1.3		管身段（4组）					
1.2.1.3.1		土石方工程					
1.2.1.3.1.1	500101002005	土方开挖	m³	263121			
1.2.1.3.1.2	500101010001	砂卵石开挖	m³	8798			
1.2.1.3.1.3	500103001005	土方回填	m³	229953			
1.2.1.3.1.4	500103016002	砂卵石回填	m³	8798			
1.2.1.3.2		混凝土工程					
1.2.1.3.2.1	500109001024	C30W6F150洞身混凝土	m³	42890			
1.2.1.3.2.2	500103007010	管身段碎石垫层	m³	2155			
1.2.1.3.2.3	500109001025	C10垫层混凝土	m³	1049			
1.2.1.3.2.4	500111001004	钢筋制作安装	t	4374.7			
1.2.1.3.3		其他工程					
1.2.1.3.3.1	500109008005	紫铜片止水（宽500mm，厚1.2mm）	m	2108			
1.2.1.3.3.2	500109008006	橡胶止水（宽352mm，厚10mm）	m	2434			

续表

序　号	项目编码	项　目　名　称	计量单位	工程数量	单价/元	合价/元	备注
1.2.1.3.3.3	500103014005	土工布（400g/m^2）铺设	m^2	2665			
1.2.1.3.3.4	500109009004	密封胶填缝	m^3	1.3			
1.2.1.3.3.5	500114001027	聚乙烯闭孔泡沫板（密度≥120kg/m^3，厚度20mm）	m^3	121			
1.2.1.4		出口段（5组）					
1.2.1.4.1		土石方工程					
1.2.1.4.1.1	500101002006	土方开挖	m^3	49563			
1.2.1.4.1.2	500103001006	土方回填	m^3	25192			
1.2.1.4.2		混凝土工程					
1.2.1.4.2.1	500103007011	C10混凝土垫层	m^3	383			
1.2.1.4.2.2	500109001026	C20W6F150混凝土护坡护底	m^3	977			
1.2.1.4.2.3	500109001027	C20W6F150混凝土渐变段	m^3	3793			
1.2.1.4.2.4	500109001028	C25W6F150混凝土闸墩	m^3	2776			
1.2.1.4.2.5	500109001029	C25W6F150混凝土闸底板	m^3	2180			
1.2.1.4.2.6	500109001030	C30F150混凝土排架	m^3	148			
1.2.1.4.2.7	500109001031	C30F150混凝土检修桥、工作桥	m^3	52			
1.2.1.4.2.8	500112001009	C30F150混凝土交通桥板预制安装	m^3	54			
1.2.1.4.2.9	500109001032	C30F150混凝土桥面铺装层	m^3	28			
1.2.1.4.2.10	500109001033	C25W6F150混凝土门库侧墙	m^3	268			
1.2.1.4.2.11	500109001034	C25W6F150混凝土门库底板	m^3	131			
1.2.1.4.2.12	500112001010	C30W6F150混凝土门库盖板预制安装	m^3	7			
1.2.1.4.2.13	500109001035	C30W6F150牛腿	m^3	21			
1.2.1.4.2.14	500109001036	C30W6F150门槽二期混凝土	m^3	10			
1.2.1.4.2.15	500111001005	钢筋制作安装	t	617.7			
1.2.1.4.3		其他工程					
1.2.1.4.3.1	500108009008	出口墙后10%水泥土填筑	m^3	1944			
1.2.1.4.3.2	500108009009	出口渐变段级配碎石反滤体	m^3	47			
1.2.1.4.3.3	500109008007	紫铜片止水（宽500mm，厚1.2mm）	m	805			
1.2.1.4.3.4	500109008008	橡胶止水（宽352mm，厚10mm）	m	173			
1.2.1.4.3.5	500111002003	Φ50钢管栏杆（壁厚3.5mm）	t	5			
1.2.1.4.3.6	500109007004	沥青混凝土道路［中粒式沥青混凝土AC-16I，厚度5cm，6%水泥稳定碎石基层厚度10cm，水泥石灰稳定土基层（3∶12∶85），厚度20cm］	m^2	3434			
1.2.1.4.3.7	500109009005	密封胶填缝	m^3	0.5			

续表

序号	项目编码	项目名称	计量单位	工程数量	单价/元	合价/元	备注
1.2.1.4.3.8	500114001028	聚乙烯闭孔泡沫板（密度≥120kg/m³，厚度20mm）	m³	17			
1.2.1.4.3.9	500114001029	逆止式排水器（拍门式）	个	88			
1.2.1.4.3.10	500114001030	Φ250集水暗管（软式透水管）	m	617			
1.2.1.4.3.11	500114001031	PVC排水管（Φ110mm，壁厚2.3mm）	m	264			
1.2.1.4.3.12	500114001032	隔离网	m	325			
1.2.1.4.4		基础处理					
1.2.1.4.4.1	500108009010	CFG桩（桩径50cm，单桩长7m）	m³	645			
1.2.1.4.4.2	500103007012	碎石褥垫层（200mm厚）	m²	380			
1.2.1.5		河道治理（6组）					
1.2.1.5.1		土石方工程					
1.2.1.5.1.1	500101002007	土方开挖	m³	6409			
1.2.1.5.1.2	500103001007	土方回填	m³	3500			
1.2.1.5.2		砌石工程					
1.2.1.5.2.1	500105003006	M7.5浆砌石护坡	m³	8373			
1.2.1.5.2.2	500105003007	M7.5浆砌石护底	m³	2296			
1.2.1.5.2.3	500111002004	钢筋石笼	m³	4066			
1.2.1.5.2.4	500114001033	PVC排水管（Φ110mm，壁厚2.3mm）	m	4385			
1.2.1.5.2.5	500108009011	级配碎石反滤体	m³	219			
1.2.1.5.2.6	500103014006	土工布（400g/m²）	m²	439			
1.2.1.5.2.7	500105003008	截流沟M7.5浆砌石	m³	2296			
1.2.1.5.2.8	500114001034	聚苯乙烯泡沫板（XPS）	m³	37			
1.2.1.6		房屋建筑					
1.2.1.6.1	500114001035	房屋建筑（C30混凝土框架结构）	m²	2111			
1.3		左岸排水建筑物					
1.3.1		楼庄沟排水倒虹吸（7组）					
1.3.1.1		土方工程					
1.3.1.1.1	500101002008	土方开挖	m³	73401			
1.3.1.1.2	500103001008	土方填筑	m³	39944			
1.3.1.1.3	500103001009	低压缩性土（碎石土）填筑	m³	8848			
1.3.1.1.4	500103016003	高塑性土回填（运距10km）	m³	1202			
1.3.1.1.5	500103007013	级配砂砾料填筑	m³	138			
1.3.1.2		砌石工程					

续表

序 号	项目编码	项 目 名 称	计量单位	工程数量	单价/元	合价/元	备注
1.3.1.2.1	500105003009	M7.5浆砌石护坡	m^3	1370			
1.3.1.2.2	500105003010	M7.5浆砌石护底	m^3	354			
1.3.1.2.3	500105001005	干砌石护坡、护底	m^3	126			
1.3.1.2.4	500103010002	防冲槽抛石	m^3	61			
1.3.1.2.5	500103007014	粗砂垫层	m^3	1468			
1.3.1.3		混凝土工程					
1.3.1.3.1	500109001037	C20W6F150混凝土护坡、护底	m^3	147			
1.3.1.3.2	500109001038	C20W6F150混凝土挡墙	m^3	1409			
1.3.1.3.3	500109001039	C30W6F150混凝土洞身	m^3	1399			
1.3.1.3.4	500103007015	C10混凝土垫层	m^3	146			
1.3.1.3.5	500111001006	钢筋制作安装	t	230.8			
1.3.1.4		止排水工程					
1.3.1.4.1	500109009006	密封胶填缝	m^3	0.2			
1.3.1.4.2	500114001036	聚乙烯闭孔泡沫板（密度≥120kg/m^3，厚度20mm）	m^3	13			
1.3.1.4.3	500109008009	橡胶止水带（宽350mm，厚≥10mm）	m	527			
1.3.1.4.4	500103014007	土工布（400g/m^2）	m^2	324			
1.3.1.4.5	500114001037	PVC管（Φ110，壁厚3.2mm）	m	165			
1.3.1.4.6	500114001038	Φ100软式透水管	m	174			
1.3.1.5		其他工程					
1.3.1.5.1	500111002005	Φ50钢管栏杆（壁厚3.5mm）	t	1			
1.3.1.5.2	500103014008	土工格栅	m^2	3034			
1.3.1.5.3	500108009012	15%水泥土换基	m^3	186			
1.3.1.5.4	500108009013	排水孔碎石20～40mm	m^3	0.5			
1.3.1.5.5	500108009014	强夯（4000kN·m）	m^2	5005			
1.3.2		乔户沟排水倒虹吸（8组）					
1.3.2.1		土方工程					
1.3.2.1.1	500101002009	土方开挖	m^3	64163			
1.3.2.1.2	500103001010	土方填筑	m^3	34125			
1.3.2.1.3	500103001011	低压缩性土（碎石土）填筑	m^3	8863			
1.3.2.1.4	500103016004	高塑性土回填（运距10km）	m^3	2157			
1.3.2.1.5	500103007016	级配砂砾料填筑	m^3	180			
1.3.2.2		砌石工程					

续表

序　号	项目编码	项　目　名　称	计量单位	工程数量	单价/元	合价/元	备注
1.3.2.2.1	500105003011	M7.5浆砌石护坡	m^3	1270			
1.3.2.2.2	500105003012	M7.5浆砌石护底	m^3	477			
1.3.2.2.3	500105001006	干砌石护坡、护底	m^3	126			
1.3.2.2.4	500103010003	防冲槽抛石	m^3	285			
1.3.2.2.5	500103007017	粗砂垫层	m^3	1835			
1.3.2.3		混凝土工程					
1.3.2.3.1	500109001040	C20W6F150混凝土护坡、护底	m^3	389			
1.3.2.3.2	500109001041	C20W6F150混凝土挡墙	m^3	2220			
1.3.2.3.3	500109001042	C30W6F150混凝土洞身	m^3	1995			
1.3.2.3.4	500103007018	C10混凝土垫层	m^3	219			
1.3.2.3.5	500111001007	钢筋制作安装	t	343.0			
1.3.2.4		止排水工程					
1.3.2.4.1	500109009007	密封胶填缝	m^3	0.3			
1.3.2.4.2	500114001039	聚乙烯闭孔泡沫板（密度≥120kg/m^3，厚度20mm）	m^3	16			
1.3.2.4.3	500109008010	橡胶止水带（宽350mm，厚≥10mm）	m	808			
1.3.2.4.4	500103014009	土工布（400g/m^2）	m^2	562			
1.3.2.4.5	500114001040	PVC管（Φ110，壁厚3.2mm）	m	205			
1.3.2.4.6	500114001041	Φ100软式透水管	m	236			
1.3.2.5		其他工程					
1.3.2.5.1	500111002006	Φ50钢管栏杆（壁厚3.5mm）	t	2			
1.3.2.5.2	500103014010	土工格栅	m^2	3061			
1.3.2.5.3	500108009015	15%水泥土换基	m^3	147			
1.3.2.5.4	500108009016	排水孔碎石20～40mm	m^3	1			
1.3.2.5.5	500108009017	强夯（4000kN·m）	m^2	4905			
1.3.3		英里庄沟排水倒虹吸（9组）					
1.3.3.1		土方工程					
1.3.3.1.1	500101002010	土方开挖	m^3	36961			
1.3.3.1.2	500102001001	石方开挖	m^3	218			
1.3.3.1.3	500103001012	土方填筑	m^3	17133			
1.3.3.1.4	500103001013	低压缩性土（碎石土）填筑	m^3	7495			
1.3.3.1.5	500103007019	级配砂砾料填筑	m^3	273			
1.3.3.2		砌石工程					

续表

序号	项目编码	项目名称	计量单位	工程数量	单价/元	合价/元	备注
1.3.3.2.1	500105003013	M7.5浆砌石护坡	m^3	898			
1.3.3.2.2	500105003014	M7.5浆砌石护底	m^3	423			
1.3.3.2.3	500105003015	M7.5浆砌石翼墙	m^3	519			
1.3.3.2.4	500105001007	干砌石护坡	m^3	171			
1.3.3.2.5	500103010004	防冲槽抛石	m^3	594			
1.3.3.2.6	500103007020	碎石垫层	m^3	69			
1.3.3.2.7	500103007021	粗砂垫层	m^3	789			
1.3.3.3		混凝土工程					
1.3.3.3.1	500109001043	C20W6F150混凝土护坡、护底	m^3	93			
1.3.3.3.2	500109001044	C20W6F150混凝土挡墙	m^3	872			
1.3.3.3.3	500109001045	C30W6F150混凝土洞身	m^3	1016			
1.3.3.3.4	500103007022	C10混凝土垫层	m^3	115			
1.3.3.3.5	500111001008	钢筋制作安装	t	123.0			
1.3.3.4		基础处理					
1.3.3.4.1	500108009018	15%水泥土填筑	m^3	162			
1.3.3.4.2	500108009019	CFG桩（桩径500mm）	m^3	260			
1.3.3.4.3	500108009020	强夯（4000kN·m）	m^2	3530			
1.3.3.5		止排水工程					
1.3.3.5.1	500109009008	密封胶填缝	m^3	0.2			
1.3.3.5.2	500114001042	聚乙烯闭孔泡沫板（密度≥120kg/m^3，厚度20mm）	m^3	4			
1.3.3.5.3	500109008011	橡胶止水带（宽350mm，厚≥10mm）	m	259			
1.3.3.5.4	500103014011	土工布（400g/m^2）	m^2	265			
1.3.3.5.5	500114001043	PVC管（Φ110，壁厚3.2mm）	m	77			
1.3.3.5.6	500114001044	Φ100软式透水管	m	120			
1.3.3.6		其他工程					
1.3.3.6.1	500111002007	Φ50钢管栏杆（壁厚3.5mm）	t	2			
1.3.3.6.2	500103014012	土工格栅	m^2	1141			
1.3.4		小朱庄沟排水倒虹吸（10组）					
1.3.4.1		土方工程					
1.3.4.1.1	500101002011	土方开挖	m^3	42080			
1.3.4.1.2	500103001014	土方填筑	m^3	28163			
1.3.4.1.3	500103001015	低压缩性土（碎石土）填筑	m^3	8159			
1.3.4.1.4	500103016005	高塑性土回填（运距10km）	m^3	2552			

续表

序　号	项目编码	项　目　名　称	计量单位	工程数量	单价/元	合价/元	备注
1.3.4.1.5	500103007023	级配砂砾料填筑	m^3	191			
1.3.4.2		砌石工程					
1.3.4.2.1	500105003016	M7.5浆砌石护坡	m^3	2135			
1.3.4.2.2	500105003017	M7.5浆砌石护底	m^3	1054			
1.3.4.2.3	500105001008	干砌石护坡、护底	m^3	248			
1.3.4.2.4	500103010005	防冲槽抛石	m^3	300			
1.3.4.2.5	500103007024	粗砂垫层	m^3	1657			
1.3.4.3		混凝土工程					
1.3.4.3.1	500109001046	C20W6F150混凝土护坡、护底	m^3	435			
1.3.4.3.2	500109001047	C20W6F150混凝土挡墙	m^3	1877			
1.3.4.3.3	500109001048	C30W6F150混凝土洞身	m^3	2871			
1.3.4.3.4	500103007025	C10混凝土垫层	m^3	284			
1.3.4.3.5	500111001009	钢筋制作安装	t	428.7			
1.3.4.4		止排水工程					
1.3.4.4.1	500109009009	密封胶填缝	m^3	0.5			
1.3.4.4.2	500114001045	聚乙烯闭孔泡沫板（密度≥120kg/m^3，厚度20mm）	m^3	24			
1.3.4.4.3	500109008012	橡胶止水带（宽350mm，厚≥10mm）	m	1081			
1.3.4.4.4	500103014013	土工布（400g/m^2）	m^2	875			
1.3.4.4.5	500114001046	PVC管（Φ110，壁厚3.2mm）	m	319			
1.3.4.4.6	500114001047	Φ100软式透水管	m	246			
1.3.4.5		其他工程					
1.3.4.5.1	500111002008	Φ50钢管栏杆（壁厚3.5mm）	t	2			
1.3.4.5.2	500103014014	土工格栅	m^2	3906			
1.3.4.5.3	500108009021	15%水泥土换基	m^3	531			
1.3.4.5.4	500108009022	排水孔碎石20～40mm	m^3	1			
1.3.4.5.5	500108009023	CFG桩，桩径0.5m	m^3	1240			
2		金属结构设备安装					
2.1		沂水河渠道倒虹吸					
2.1.1		闸门及埋件					
2.1.1.1	500202005001	进口检修叠梁钢闸门	t	66			设备由发包人提供
2.1.1.2	500202005002	进口检修闸门埋件	t	48			设备由发包人提供

续表

序　号	项目编码	项　目　名　称	计量单位	工程数量	单价/元	合价/元	备注
2.1.1.3	500202005003	出口弧形工作钢闸门	t	100			设备由发包人提供
2.1.1.4	500202005004	出口工作闸门埋件	t	32			设备由发包人提供
2.1.1.5	500202005005	出口检修钢闸门（叠梁）	t	48			设备由发包人提供
2.1.1.6	500202005006	出口检修闸门埋件	t	27			设备由发包人提供
2.1.1.7	500202005007	退水闸检修闸门	t	11			设备由发包人提供
2.1.1.8	500202005008	退水闸检修闸门埋件	t	5			设备由发包人提供
2.1.1.9	500202005009	退水闸工作闸门	t	14			设备由发包人提供
2.1.1.10	500202005010	退水闸工作闸门埋件	t	5			设备由发包人提供
2.1.2		启闭机					
2.1.2.1	500202002001	2×400kN台车（含液压抓梁、控制系统等）	台	1			设备由发包人提供
2.1.2.2	500202002002	2×100kN电动葫芦（含抓梁、控制系统等）	台	1			设备由发包人提供
2.1.2.3	500202009001	进口检修闸门启闭机轨道	t	9			设备由发包人提供
2.1.2.4	500202009002	出口检修闸门启闭机轨道	t	6			设备由发包人提供
2.1.2.5	500202002003	2×320kN露顶弧门液压机（含控制系统、附属设备等）	台	4			设备由发包人提供

续表

序　号	项目编码	项　目　名　称	计量单位	工程数量	单价/元	合价/元	备注
2.1.2.6	500202002004	2×250kN固定卷扬式启闭机（含控制系统等）	台	2			设备由发包人提供
3		机电设备工程					
3.1		供电工程					
3.1.1		沂水河渠道倒虹吸供电系统					
3.1.1.1	500201016001	35kV环网柜（CCF+PT柜）	套	1			设备由发包人提供
3.1.1.2	500201016002	变压器（SC10－125/35、125kVA、35±5%/0.4～0.23kV、D，yn11）	台	1			设备由发包人提供
3.1.1.3	500201016003	低压配电屏（固定分隔式）	块	4			设备由发包人提供
3.1.1.4	500201016004	动力配电箱（XL－21）	个	4			设备由发包人提供
3.1.1.5	500201016005	照明配电箱［XX（R）M］	个	4			设备由发包人提供
3.1.1.6	500201016006	直流电源（WDGZ－65/220）	套	1			设备由发包人提供
3.1.1.7	500201016007	柴油发电机组（120GFZ、120kW、400/230V）	台	1			设备由发包人提供
3.1.1.8	500201018001	动力电缆（ZR－YJV22－26/35－3×120）	km	0.6			
3.1.1.9	500201018002	动力电缆（ZR－YJV22－26/35－3×50）	km	0.1			
3.1.1.10	500201018003	动力电缆（ZR－YJV22－0.6/1－3×95+1×50）	km	1.4			
3.1.1.11	500201018004	动力电缆（ZR－YJV22－0.6/1－3×35+1×16）	km	0.1			

续表

序　号	项目编码	项　目　名　称	计量单位	工程数量	单价/元	合价/元	备注
3.1.1.12	500201018005	动力电缆（ZR－YJV22－0.6/1－3×10＋1×6）	km	1.4			
3.1.1.13	500201018006	动力电缆（ZR－YJV22－0.6/1－3×6＋1×4）	km	1.5			
3.1.1.14	500201018007	控制电缆（KVVP－450/750V－10×1.5）	km	1.5			
3.1.1.15	500201018008	35kV 户外电缆终端（3×120）	套	2			
3.1.1.16	500201018009	35kV 户内电缆终端（3×50）	套	1			
3.1.1.17	500114001093	其他（基础型钢、电缆保护管、电缆桥架、室内外电缆沟、防雷接地，照明材料等）	项	1			
3.2		计算机监控和图像监控系统					
3.2.1	500201027001	水位计线缆管道（Φ50 镀锌钢管）	m	400			
3.2.2	500201027002	室外视频线缆管（Φ50 镀锌钢管）	m	800			
3.2.3	500201027003	室外摄像机立杆基础	个	3			
3.3		检修排水					
3.3.1		沂水河渠道倒虹吸检修排水设备					
3.3.1.1	500201013001	潜水电泵（100QW130－30A－18.5）	套	7			
3.3.1.2	500201013002	橡胶夹布压力管（DN100，软管）	m	910			
3.3.1.3	500201030001	软管接头（DN100 管用）	套	7			
3.3.1.4	500201018010	电缆（与水泵带电缆相同）	m	910			
3.3.2		楼庄沟渠倒虹吸检修排水设备					
3.3.2.1	500201013003	潜水电泵（100QW100－12.5A－5.5）	套	4			
3.3.2.2	500201013004	橡胶夹布压力管（DN100，软管）	m	400			
3.3.2.3	500201030002	软管接头（DN100 管用）	套	4			
3.3.2.4	500201018011	电缆（与水泵带电缆相同）	m	400			
3.3.3		小朱庄沟渠倒虹吸检修排水设备					
3.3.3.1	500201013005	潜水电泵（WQ50－7－3）	套	5			
3.3.3.2	500201013006	橡胶夹布压力管（DN50）	m	600			
3.3.3.3	500201013007	紧固件（DN50 管用）	套	5			
3.3.3.4	500201018012	电缆（与水泵带电缆相同）	m	600			
合　计							

措施项目清单计价表

合同编号：SLGC-2023-001

工程名称：××水利工程总干渠Ⅳ标

序号	项　目　名　称	金额/元	备　注
1	临时工程		总价承包
1.1	施工导流及降排水		
1.1.1	施工导流		
1.1.2	度汛		
1.1.3	施工期降、排水		
1.2	临时设施		
1.2.1	现场施工测量		
1.2.2	施工交通		
1.2.2.1	沿渠道路		
1.2.2.2	其他道路		
1.2.3	施工供电		
1.2.4	施工供水工程		
1.2.5	施工供风系统		
1.2.6	施工照明		
1.2.7	施工通信及邮政设施		
1.2.8	混凝土生产系统		
1.2.9	临时工厂设施		
1.2.10	仓库和储料场		
1.2.11	临时生产管理及生活设施		
1.2.12	强重夯施工措施（砂石垫层及完工清除等）		
2	施工环境保护		总价承包
2.1	废水处理		
2.2	固体废弃物处理		
2.3	施工噪声、粉尘控制措施费		
2.4	其他		
3	施工期水保		总价承包
3.1	工程措施		
3.2	植物措施		
4	质量、进度、安全、文明措施费		不低于分类分项工程量清单计价表与措施项目计价表中临时工程报价之和的2%，其中0.9%用于激励考核，发包人控制使用
	合　　计		

其他项目清单计价表

合同编号：SLGC－2023－001

工程名称：××水利工程总干渠Ⅳ标

序号	项 目 名 称	金额/元	备 注
1	施工控制网基准点施测费	388081	
2	施工区围挡费	830000	
3	沿渠临时道路	210000	
	合 计		

计日工项目计价表

合同编号：SLGC－2023－001

工程名称：××水利工程总干渠Ⅳ标

序号	名称	型号规格	计量单位	单价/元	备注
1	人工				
2	材料				
3	机械				

工程单价汇总表

合同编号：SLGC－2023－001

工程名称：××水利工程总干渠Ⅳ标

序号	项目编码	项目名称	计量单位	人工费	材料费	机械使用费	施工管理费	企业利润	其他	税金	合计
1		建筑工程									
1.1											
1.1.1	500101××××××										
1.1.2											
2		安装工程									
2.1											
2.1.1	500201××××××										
2.1.2											

工程单价费(税)率汇总表

合同编号：SLGC－2023－001

工程名称：××水利工程总干渠Ⅳ标

序号	工程类别	工程单价费（税）率/%				备注
		其他直接费	间接费	企业利润	税金	
一	建筑工程					
二	安装工程					

投标人生产电、风、水、砂石基础单价汇总表

合同编号：SLGC－2023－001

工程名称：××水利工程总干渠Ⅳ标

序号	名 称	规格型号	计量单位	人工费	材料费	机械使用费				合计	备注

投标人生产混凝土配合比材料费表

合同编号：SLGC-2023-001

工程名称：××水利工程总干渠Ⅳ标

序号	工程部位	混凝土强度等级	水泥强度等级	级配	水灰比	预算材料量/(kg/m³)					单价	备注
						水泥	砂	石				

投标人自行采购主要材料预算价格汇总表

合同编号：SLGC－2023－001

工程名称：××水利工程总干渠Ⅳ标

序号	材　料　名　称	规格型号	计量单位	预算价格/元	备注

投标人自备施工机械台时(班)费汇总表

合同编号：SLGC－2023－001

工程名称：××水利工程总干渠Ⅳ标　　　　单位：元/台时（班）

序号	机械名称	规格型号	一类费用				二类费用							合计
			折旧费	维修费	安拆费	小计	人工	柴油	电				小计	

总价项目分解表

合同编号：SLGC - 2023 - 001

工程名称：××水利工程总干渠Ⅳ标

序号	项目编码	项目名称	计量单位	工程数量	单价/元	合价/元	说明

工程单价计算表

______项目名称

单价编号：　　　　　　　　　　　　　　　　　　　　　定额单位：

施工方法：

序号	名　称	规格型号	计量单位	数量	单价/元	合价/元
1	直接费					
1.1	基本直接费					
1.1.1	人工费					
1.1.2	材料费					
1.1.3	机械使用费					
1.2	其他直接费					
2	间接费					
3	企业利润					
4	其他					
5	税金					
	合计					

人工费单价汇总表

合同编号：SLGC－2023－001

工程名称：××水利工程总干渠Ⅳ标

序号	工　种	单位	单价/元	备　注